從迷茫到輝煌，掌握職場成功的五大策略

征戰之路

點亮職業生涯的靈魂導航

段秋文　著

許自己一個了不起的未來，現在開始，迷途職返！

◎ 探索職業初心，克服迷茫與失敗！
◎ 面試策略履歷技巧，勝任求職戰！
◎ 規劃清晰的職業路徑，確立目標！

應對職場挑戰，轉折中成長
累積經驗，迎接職業生涯的輝煌——

目錄

目錄

Chapter4

避免征戰途中的陷阱
── 你看得再遠始終會有盲點，少走彎路才是贏

Chapter5

唯有浴血奮戰才配得上榮耀
── 成功總要拐幾個彎才來

「許自己一個了不起的未來」

——讓你的職業生涯閃閃發光，贏在職途的生涯征戰手冊

在這個不夠溫柔的世界裡，

讓你走投無路的不是社會，而是深陷迷茫。

在職場拐彎處，不怕你沒本事，就怕你沒方向。

這是一本關於職場戰鬥力升級的生涯征戰手冊！

你的未來，你的去處，全在本書。

現在開始，迷途職返。

給生命更多可能，

別讓自己成為迷茫和失敗的人！

推薦序

—— 他一直在征戰！

認識秋文算是一次偶遇。

那一年，我以創業導師的身分受邀演講。在此期間，我注意到一位非常專心學習的年輕人，並且和他有過現場互動，由於他表現出色，我邀請他上臺並贈送他一本我的管理類著作《責任決定一切》；沒想到他回送了我一本《新規劃 —— 帶我們走向美好未來》。後來了解到，這是秋文花了 2 年的時間，用心研究創作出來的人生規劃書。該書總結了生命中缺一不可的 6 大需求 —— 每個人需要身體健康和心理健康；需要學習成長和助人和諧；還需要家庭幸福和職業成功。

如今，秋文邀請我為新書作序，我欣然應允。因為他一直在征戰！因為他認真學習和做人做事負責。

據我所知，創作本書前，秋文曾花了一年的時間，透過「無條件免費諮商人生規劃」累積諮商能力、總結諮商經驗。在此基礎上，秋文透過不斷學習、實踐和領悟自創了「3+3 職業生涯規劃體系」。然後，秋文又花了近 5 年的時間，運用這個體系幫助不同年齡（20 至 47 歲）、不同階層（基層員工、中階幹部、企業高階主管）、不同行業近千名朋友走出了職業困惑。為了幫助更多人在自己的生涯路上去征戰，秋文把他多年的諮商實踐經驗毫無保留地分享到本書中。對於每一位職場戰士而言，只要你用心閱讀，定會獲益匪淺。

推薦序
——他一直在征戰！

一般來說，一個人的職業生涯有近 40 年。有的人贏在了起點，有的人贏在了轉捩點，有的人一直贏在路上，還有很多人一開始就走錯路（例如盲目就業——先就業再擇業、入錯行、選錯職位等），或是在途中亂走路（例如盲目跳槽——盲目換職位、盲目換行、盲目換城市、盲目換公司、跟風創業等），或是中途放棄……他們在迷茫中行走，經常被撞得鼻青臉腫、頭破血流，他們困惑、痛苦、付出了很多但收穫的卻是失業、失敗。不是他們不願意征戰，而是他們不清楚要去哪裡征戰。

讀完這本書你會擁有征戰的動力，你會清楚自己征戰的地圖、征戰的路線以及征戰途中可能出現的陷阱。但是沒有人可以替你去征戰，唯有你自己去浴血奮戰才可以贏得一個了不起的未來。

2016 年底上映的新片《鋼鐵英雄》（*Hacksaw Ridge*）中，軍醫德斯蒙德·多斯（Desmond Doss）不願意在前線舉槍射殺任何一個人，他因自己的和平理想遭受其他戰士們的排擠和欺負。儘管如此，他仍堅守信仰及原則，孤身上陣，無懼槍林彈雨，誓死拯救只有一息尚存的戰友。數以百計的同胞在敵人的土地上傷亡慘重，他一人衝入槍林彈雨，不停地祈禱，乞求以自己的綿薄之力去再救一人，75 名受傷戰友最終被他奇蹟般地運送至安全之地，得以生還。看似懦弱的多斯，最後卻成為了最勇敢、最偉大的戰士。

秋文雖然不是一名的軍人，但是他在職業生涯的征途中，他一直在征戰。雖然他出生貧寒，也沒有什麼學歷（高中畢業後自考大學），而且還沒有任何背景——憑著一張招生簡章闖到了人生地不熟的城市去。但是他有一顆愛人之心、征戰之心，他願意付出，他一直在征戰。雖然他現在還沒有多大成就。但是我相信他一定會有一個了不起的未來。

願此書引領你成為生涯征戰的勇士！

管理學者、雙創導師 唐淵

自序

—— 沒有人能許你一個未來，唯有你自己

為什麼即使很相像的雙胞胎，也可以識別？

是因為他們不一樣。

為什麼全世界有 80 億人口，卻沒有一個人和你長得一樣？

是因為你也獨一無二的，你是世界上的唯一。

所以永遠不要放棄自己。因為每一個人從出生那一刻就有獨特的價值。

任正非出生普通家庭，沒有什麼背景，卻可以把華為做到世界級；馬雲是個「小不點」，考了 3 次大學，但他創辦的阿里巴巴譽滿全球；俞敏洪出生寒門，也不是高富帥，但可以成就新東方；愛因斯坦（Albert Einstein）3 歲還不會說話，卻可以發現「相對論」；愛迪生（Thomas Edison）曾被老師認為是傻瓜，僅僅在小學待過 3 個月，但不妨礙他成為偉大的發明家……所以無論你的出生背景如何，你的長相如何，你的身體是否有缺陷……一切外在的因素都沒法掩蓋你特有的價值。你是與眾不同的。

其實，你天生就是個戰士，是個勇士，還是一個勝利者。

受精卵的形成本身就是一個征戰的過程，數以萬計的精子透過激烈的征戰、比拚，只有第一名（如果是多胞胎，就是前幾名）才可以和卵子合而為一形成受精卵。然後透過細胞分裂、逐漸發育、生長 —— 透過十月懷胎，你才降生於世。所以你天生就是贏家。

自序

—— 沒有人能許你一個未來，唯有你自己

如果你去觀察一些 2 歲左右的小孩，你會發現，他們總是積極進取，他們對一切新鮮的事物充滿好奇，他們勇於嘗試、不怕失敗、堅強勇敢、精力充沛、總是充滿熱情……即使偶爾跌倒，他們也會很快爬起來。他們非常誠實 —— 想到什麼就說什麼，他們的言行一致。他們的內心是和諧的，他們想玩就玩、想睡就睡，而且非常快樂、他們的微笑無比的燦爛、無比的甜美……（你可以去網路上看一個短片 —— 天賦潛能）然而，不知從何時起，我們似乎陷入了一個「被趕」的惡性循環：

父母希望我們贏在起點，所以從呱呱墜地開始，我們就一直在「被趕」 —— 被趕著去上幼兒園、上小學、上國高中……一路走來，背英文，學奧數，報各類看似饒有興趣的「才藝班」，直到大考、讀大學、畢業工作……大部分置身其中的人相信，這樣就能「被趕」出一個美好的未來。

反正總有一隻無形的桿子在你身後趕著你，像趕著一個大腦處於放空狀態的鴨子上架。

然而，你從未認真考慮過，你想要成為怎樣的你？或者說，你想要成為怎樣的自己？你希望自己有一個怎樣的未來？你只看到眼前腳步和前面的鴨屁股 —— 牠離你不到三步，至於最前方的隊伍要走向哪裡，你不曾想過，也漠不關心。在被趕的過程中，你漸漸地迷失了自己 —— 不知從什麼時候起，你開始變得自卑、變得不願意去嘗試、害怕去探索；你開始變得對什麼事情都漠不關心、缺乏熱情和好奇心；你開始變得自私、虛偽，變得不真實；你開始變得消極、悲觀甚至頹廢；你開始沉迷網路、遊戲……你可以不關心別人，但你有沒有試著停下來問問自己：我到底想要去何處？

無解是最糟糕的答案，這表示你已經對「安排」有了慣性心理。簡單而言，就是你從小就跟著鴨群後面，你若不小心偏離了方向，就會被大聲喝斥，立刻回到隊伍。直到有一天，你閉著眼睛都能在水中游出一條直線的時候，前面帶頭的隊長突然回頭對你露齒一笑：「現在整片天空都是你的了，去飛吧！」

你艱難地抖動退化了不知幾百年的翅膀，這才發現，原來自己從未學習過飛翔，更別說找到屬於你的航線了。

你終於發現，從小到大，你都在學如何合群，跟在別人身後，隨著現有的方向，永遠不用操心明天的路。你完全失去了自己獨一無二的天性。

然而，你現在已經成年了，過去的都已過去。唯有現在和未來才是你未失去的人生。你需要靜下心來問自己——我的未來究竟在哪裡？

很抱歉，我不能告訴你！

但是，透過這本書，你可以獲得很多征戰的經驗和教訓。因為我自己有 20 年的生涯征戰經歷——有不少成功的經驗和失敗的教訓。更重要的是從 2009 年開始涉足職業指導領域——研究人生、職業數年，提供諮商服務 6 年，累積指導過近 1,000 位有職業困惑的朋友；我還在解答網上答過 1,000 多個有關職業困惑的問題。另外，我在多個社群論壇也回答過很多有關職業困惑的問題。下面是幾個諮商者的見證。

曾經有一位朋友小 K（化名，下同）向我諮商。他從畢業後，一直在跳槽，4 年多的時間裡，換了 3 個行業、4 個城市，如今他還在準備考研究所準備換跑道。向我諮商後，我問了他一個問題——下面是通訊聊天紀錄。

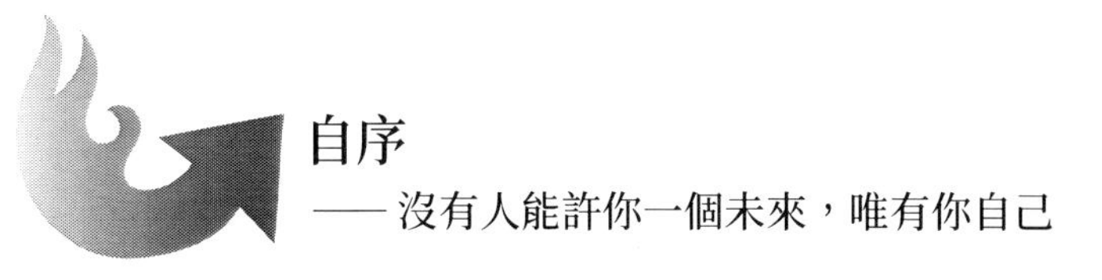

自序

—— 沒有人能許你一個未來，唯有你自己

武汉段秋文 20:48:31
如果你一毕业就遇到了我----你会节约多少钱和时间。
河南 20:48:54
几万吧
河南 20:49:32
时间 应该 节约2年左右
武汉段秋文 20:49:53
呵呵，所以做规划咨询应该是人生的第一步，价值无法估量
河南 20:50:06
恩

圖：與諮商者的聊天紀錄截圖 1

因為他過去沒有規劃，所以 4 年多的時間多走了很多冤枉路 —— 浪費了近 2 年的時間，損失了十幾萬。

還有一位朋友小允，他大學畢業後，因為過去沒有規劃、沒有職業方向，所以在過去的兩年中，換了 4 份工作 —— 第一份做了 4 個月，第二份做了 2 個月，第三份也做了 2 個月，最後一份做了 6 個月。而且他的 4 份工作做得都不太一樣，做過工人、品管、實驗人員等。2 年的時間，職業基本上沒什麼累積。

其實，早在 2011 年，我做免費諮商的時候，他就加了我好友，但他過去對職業生涯規劃沒什麼概念，所以一直沒和我聯繫。幸好他後來聯繫了我並確定要諮商。諮商結束後，我們進行了交流：

浙江 11:24:12
我要是2011年就能和你这样联系多好
职业规划咨询段秋文 11:24:15
其实，你早咨询还可以少走弯路
浙江 11:24:17
这2，3年也不会白费了
是啊
当时心里根本没有职业的概念，就是先找个单位实习，然后拿工资
职业规划咨询段秋文 11:24:42
恩，规划要趁早
浙江 11:24:48
2，3年宝贵的时间浪费了，不过还好不是到30岁才发觉。
职业规划咨询段秋文 11:25:13
过去的已经过去了，现在和未来才是最重要的.
有了方向去努力前行，最重要.

圖：與諮商者的聊天紀錄截圖 2

所以，雖然我沒法給予你未來，但是可以幫你在生涯的征戰過程中少走彎路。少走彎路也是贏。

或許他們和你有相似的想法和經歷，在二三十歲的年紀，很多人不知道自己應該做些什麼，還能做些什麼，往往只知道在徘徊中等待，在等待中迷茫和失敗。

每天徬徨、掙扎，躊躇滿志卻又無所事事。

這或許是每一個人成長中都會經歷的磨難。

你也許會疑惑地說，誰沒有迷茫過，失敗過。

但這都不足以成為你停滯不前的理由。

別人的故事，我們不曾知曉答案。

你的未來在哪裡？

唯有你自己，才可以許自己一個了不起的未來。

人最恐懼的時候是……

曾經，我在網路上看到這樣一個故事：兩公司董事長馮某和王某一起，一路坐車橫越荒漠，但車突然壞了。手機沒有訊號。荒漠的地面，全是鵝卵石，溫度高得幾乎能把輪胎烤化。沒有辦法跟任何人聯繫，兩人越來越恐懼，甚至開始焦躁。這時候司機下了車，他不斷地兜兜轉轉，一下看看地下。他在看什麼？他在找車轍。最後司機終於發現了一條新車轍，所有人齊力把車橫在車轍上面。然後司機說：「剩下的事情，只能等待，不要有任何奢望。」然後就開始等待。一個小時後，有一輛特別大的貨車終於在面前停下來。司機寫了一個電話號碼，請貨車司機出荒漠後打電話找人來救援。大貨車開走後，兩人在車上開始嘀咕：「這事可靠嗎？人家會幫忙打這個電話嗎？」司機說了一句話：「在沒有方向的地方，相信是唯一的選擇，信任是最寶貴的。」結果兩人又等了一個多小時，救援的人果然來了。這件事令人思考一個問題——人到底什麼時候最恐懼？不是沒有錢的時候，不是沒有水的時候，也不是沒有車的時候。人最恐懼的時候，實際上是沒有方向的時候。有了方向，其實所有的困難都不是困難。當我們有了理想就相當於在荒漠上突然找到了方向。

確實如此，一個人最恐懼的時候，就是在沒有方向的時候。比如，我們常常在黑暗中感到恐懼，是因為我們在黑暗中沒有前進的方向；一個人一旦失明，他會特別恐懼，是因為他看不清前面的路；一個人在荒無人煙的黑夜，他會感到毛骨悚然，還是因為他不清楚自己下一步該往哪裡去！

許自己一個了不起的未來，是給自己一個征戰的方向、是生涯征戰的開始！

許自己一個了不起的未來，可以給自己勇氣和力量，可以讓你回歸到真實的你、天性的你。

請記住，你天生就是一個戰士、一個勇士、一個勝利者，只是在過去的人生中，你暫時迷失了自己。你可以從現在開始許自己一個了不起的未來。開始人生新的征戰！

時光流逝，願這本書見證著它的主人如何在歲月的沉澱與征戰中閃閃發光！

當夢想已啟動並踐行，你所有的累積與努力，永遠相隨，成為你成功的階梯！

閱讀要鄭重，因為你許自己的未來，都有可能實現。

下面，請跟隨我一同開啟本書的閱讀之旅！

Chapter1

征戰前的準備

—— 切除逐夢路上的兩顆毒瘤「迷茫與失敗」

有研究顯示，初入職場的人中，能夠明白自己的需要並肯定未來發展方向的僅占 27.1%，有 72.9%的人從未考慮過職業生涯規劃的問題，或者對未來感到十分迷茫。

1. 夢開始的地方，你是否有兩顆毒瘤「無法自拔」

在我的信箱後臺，經常會有許多諮商者的來信。

每次看這些來信都讓我思考一個問題 ——

為什麼迷茫、失敗的人那麼多？

我有一個粗略的統計，幾乎每 100 封郵件中，有一半以上，說自己當下很迷茫，諮商我未來該怎麼辦？

也經常有朋友與我傾吐心聲：「段老師，我覺得現在的自己很不像自己，身邊的一切人、事都是錯的。每天不想學習、不想工作，我也不知道自己究竟想做什麼……」

「那麼，你希望你的人生是怎樣的呢？」我通常會詢問。

「如果一切都可以重來就好了。」對方的眼神似乎總有幾分熱烈，但光亮一閃之後，出現的卻是灰暗和迷茫。

是的，如果人生真的能夠像電影中那樣落入時空隧道黑洞，回到美好的 16 歲，又或者像遊戲中的存檔功能一樣，不斷從重要的存檔處加以讀取。那麼，人生會多麼美好！我一定會擁有一切：美好幸福的生活、重要的職場角色、汽車、豪宅、名利、關注、榮譽感……這樣的想法，許多人或多或少都有過。然而，我們在自以為是的情景代入並陶醉其中時，卻忽略了這樣的事實 —— 失去的人生永遠無法追回，唯有珍惜現在、把握現在、展望未來才是根本。因此你需要問自己：我到底為何迷茫？

對於我們整個人生而言，或許迷茫與失敗並不能意味著什麼。

但你在追求的職途中，若不能拔除迷茫與失敗這兩顆毒瘤，就別怪這世界對你不夠溫柔了。

迷茫的人現在不一定失業，但是長期失業的人一定很迷茫。迷茫不僅容易導致失業，更易導致失敗。無謂的迷失，對當下的不甘心，對未來的不可知，對職業生涯的迷茫，只能讓人喪失奮鬥的信念和能量。

在不同的社群論壇上，每天都會有很多人希望走出職業困惑、遠離迷茫。

我曾經針對數百名在職的朋友做過一個市場調查 —— 結果有超過 60%的在職朋友對未來很迷茫。

難道迷茫或失業的朋友都不想遠離迷茫和失業嗎？

當然不是，我相信，每個人都希望自己的生活變得更好、盡快遠離迷茫、不再失業。

那麼，為什麼他們自己很難走出迷茫的惡性循環？

在市場調查中，我詢問迷茫的朋友如何遠離迷茫（如下圖），竟然有超過 60%的朋友覺得：這事不急，現在忙，過一段時間再說 —— 他們面對迷茫時，選擇是暫時不管。

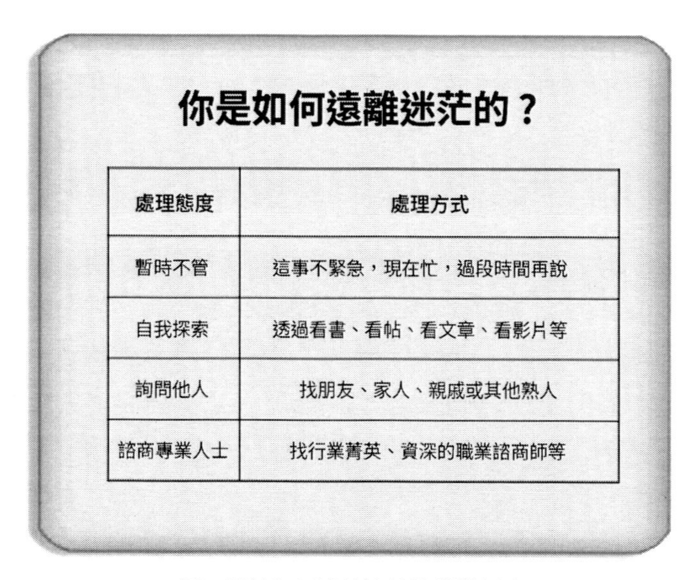

你是如何遠離迷茫的？

處理態度	處理方式
暫時不管	這事不緊急，現在忙，過段時間再說
自我探索	透過看書、看帖、看文章、看影片等
詢問他人	找朋友、家人、親戚或其他熟人
諮商專業人士	找行業菁英、資深的職業諮商師等

圖：關於如何遠離迷茫的職業調查

透過諮商的分析總結，迷茫的朋友走不出迷茫惡性循環的原因有三：

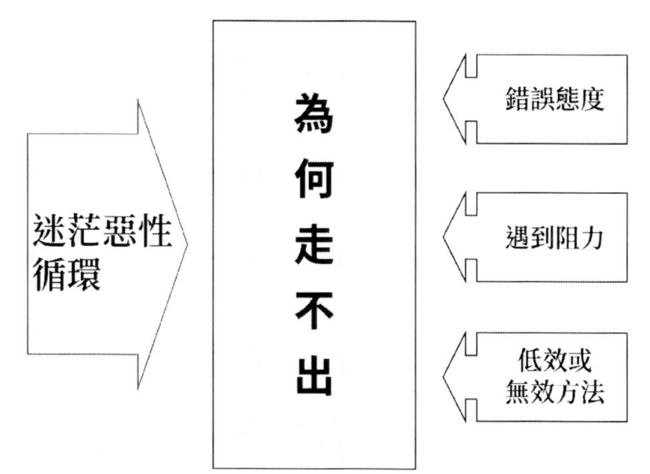

圖：難以走出迷茫惡性循環的原因分析

▒ 1. 錯誤態度

日本第一生命經濟研究所，曾經以全國 3,000 名男女為對象實施了規劃的調查，結果顯示多達 54.7%的人沒有規劃。而 61.8%人認為「現在的生活已經夠焦頭爛額了」哪有時間去規劃。一個人之所以迷茫、之所以現在的生活焦頭爛額，就是因為他們過去缺乏規劃。如果他們現在還不規劃，那麼未來的生活會更加糟糕。所以面對迷茫時，我們首先需要有一個積極的態度 —— 想辦法去遠離迷茫。

▒ 2. 遇到阻力

我曾與諮商者分享過一則故事：當漁民抓到第一隻螃蟹，放入一端封死的竹筒後，一定要把竹筒蓋上，否則螃蟹就會爬出來。但是當捉到第二隻螃蟹時就無需把竹筒蓋住了，因為此時竹筒裡的螃蟹再也不會爬出來。因為當一隻的螃蟹要往外爬時，另一隻會死死地鉗住牠往外爬。所以如果你已經迷茫或失業，你想遠離迷茫時，你也會遇到阻力，你需要警惕身邊的「螃蟹」。

▒ 3. 低效或無效方法
—— 自我探索（低效）和詢問他人（你生病的時候為什麼是去諮商醫生而不是身邊的親人和朋友？）

我從 2011 年開始透過通訊軟體加上網路電話的方式，為來自各地的朋友提供職業生涯規劃諮商服務。我對來自各地數百位做過諮商的朋友進行過統計：其中 15%的人還沒參加工作；70%人工作年資在 5 年以內。也就是說，多於 80%迷茫或失業的朋友都在 30 歲以內。

因為年齡的因素、眼界的限制、經驗的缺失等，迷茫的朋友很容易採用錯誤的方法、運用錯誤的邏輯在思考和探索，這樣就容易陷入一個失誤：不斷用老方法在一個固有的思維模式裡找答案，結果是很難找到正確答案！

無論如何，你有職業困惑就要解決，否則問題會一直存在。

人生最大的失敗就是迷茫。

《解憂雜貨店》（ナミヤ雑貨店の奇蹟）中有句話說：「對不起，我連個敗仗都沒能做到。」

當然，迷茫並非失敗的唯一因素。通常來說，導致一個人的職業失敗主要有以下 3 大原因：

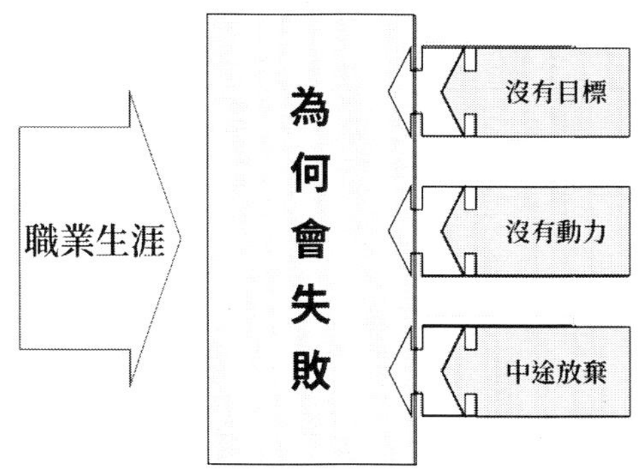

圖：導致職業失敗的原因分析

1. 沒有目標

—— 每個人都願意去征戰，但是如果沒有征戰的方向，他就不知道自己要往哪裡去征戰。

具體表現為不清楚長期的職業方向、短期的職業目標以及職業生涯定位。正因如此，你經常會盲目地換目標、換行業、換城市、換公司、換工作，以至於離成功越來越遠。

▒ 2. 沒有動力

—— 動力源於你對目標的渴望。

很多人有了目標之後缺乏動力。具體表現為：行動緩慢、不願意付出、做事不用心、不盡力、情緒低落、很容易受到誘惑。可能的原因有：

目標不是真正發自內心的、不是自己感興趣的，所以沒有欲望去達成 —— 唯有你內心的渴望才會讓你成為一名真正的勇士；不清楚如何去達成，缺乏具體的方法 —— 如果你有足夠的征戰意願，還會擔心沒有方法嗎？自己懶，不願意付出 —— 唯有透過自己的浴血奮戰獲得的才值得；目前衣食無憂不願意改變 —— 要麼去征戰，要麼苟且地活著。

▒ 3. 中途放棄

—— 征戰不是一蹴而就，而需要奮戰到底才可以獲得最終的勝利。

有了目標和動力之後，只要不斷前行，抵達目的地只是時間的問題，但還是有很多人沒有達成目標 —— 因為他們中途放棄了。可能的原因是：

一是目標過於遠大 —— 過於遠大的目標如果沒有實力和勇氣去支撐，你就會覺得很遙遠；二是行動過程中不開心 —— 因為你沒有弄清楚到底為何而戰；三是行動的結果低於預期 —— 享受征戰的過程，把榮耀獻給上帝。

給自己一個支點，莫讓人生走向窮途末路

縱使迷茫和失敗是人生的必經之路，但若一直處於迷茫與失敗的狀態，未來就很可能成為你人生的窮途末路，也會讓你失去征戰的勇氣！

阿基米德（Archimedes）說：「給我一個支點，我可以撬起整個地球。」想要遠離迷茫，你也需要一個支點。

以下幾種方法，也許能幫你找到職業生涯的支點。

1. 樹立正確的觀念：職業生涯規劃始於職前，對自己今後的職業生涯應該儘早規劃。
2. 你的夢想、未來的規劃必須和你的職業發展圖息息相關——職業生涯就是一場生涯的征戰。
3. 關於未來要有明確的描述——制定征戰的地圖和路線，描述你征戰後的王國，設想征戰圖中的風景以及可能遇見的凶險。
4. 從近期規劃中找到最重要的事——讓自己一直行在征戰的路上，偶爾的歇息和調整，只是為了蓄積能量為進一步的征戰做準備。
5. 找對人、借對力——你可以藉助好的職業生涯規劃師、產業資深人士或一本好書遠離迷茫。你不是一個人在戰鬥！你可以藉助駿馬奔馳，你可以藉助飛行器翱翔，你還可以藉助他人的智慧——借力使力才不費力。

追夢的路上總會有感人的、失敗的、沮喪的、喜悅的，很多精彩的故事等著你。未來的路不會平坦，正因如此，每個人的人生，都像是一個未完待續的故事，需要你用夢的支點撐起自己想要的人生，讓命運的書折射出動人的光彩！

迷途職返

無論現實怎樣不可改變，世界如何殘酷，你都要堅信，自己有一雙翅膀，可以令你在現實裡自由飛翔，哪裡有屬於你的風，就飛多遠吧！

2. 要麼勇敢去征戰，要麼就滾回家

透過多年的諮商服務，我發現，找我諮商過的數百位諮商者，他們都有一個共同的特點 —— 他們沒有理想、志向或夢想，即沒有征戰的方向，具體表現為：

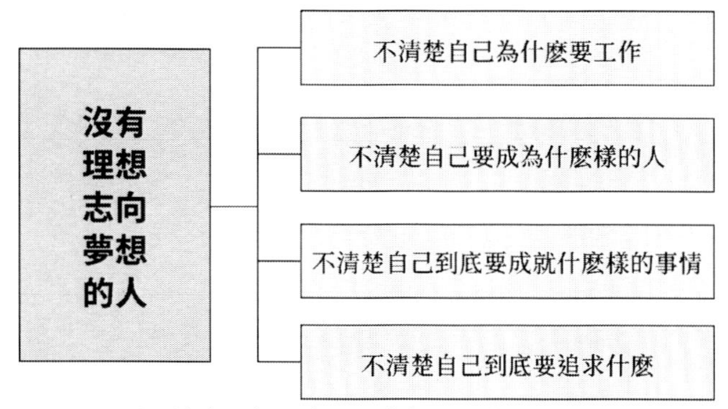

圖：沒有理想、志向或夢想之人的具體表現

這也是一個人之所以迷茫的宏觀原因。

因為沒有理想、志向和夢想，人生就缺乏一個征戰的方向。彷彿大海中航行的船隻，如果沒有羅盤和燈塔，它就會迷失方向。亦如一個醉酒的人上了計程車，司機問他要去哪裡，他說，不知道（或者說，隨便去哪裡）。這時，司機就會感到茫然 —— 不知道要把車開往哪裡去。

那麼什麼是夢想、理想和志向呢？

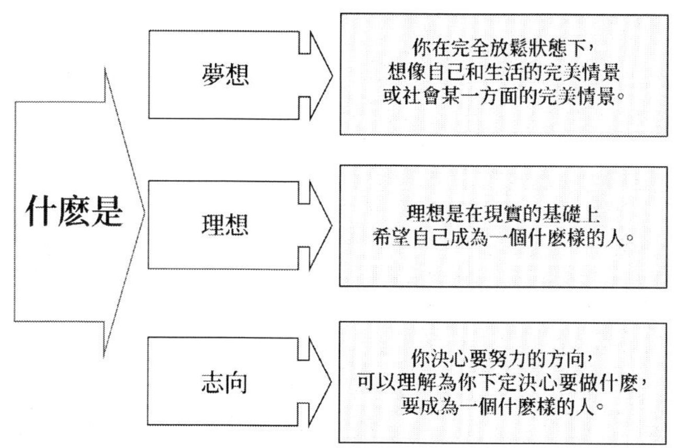

圖：理想、夢想、志向的含義

理想是理性的，夢想是感性的，空想和幻想都是不切實際的。我個人更喜歡用志向這個詞——作為成年人，做事的決心很重要（很多事情並非你沒有能力去做）。另外，立定志向的時候，你可以感性一點，立定一個宏偉的志向；你也可以理性一點，基於現實的基礎去展望未來。

如果你過去沒有什麼志向，那麼你可以從現在開始立志！

Stand up or Go home ！

說到立志、做事的決心，這讓我腦海中突然浮現出《當幸福來敲門》（*The Pursuit of Happyness*）中的場景：男主角克里斯·賈納（Chris Gardner）在人生中最窮困潦倒的一刻，不得不在某車站的廁所裡過夜，但他從來沒有放棄過自己的夢想。

在你的整個職業生涯中，一定會有許許多多的夢想。很多事並非你沒有能力去做，而是需要決心並拚勁全力去捍衛夢想。

要麼就勇敢去征戰，要麼就滾回家裡去。你沒有別的選擇（至少沒有更好的選擇）。

年輕時的我們往往只看到那些閃閃發光之人身上的光亮之處，卻不知他們如何才換取了想要的人生 —— 每一位成功者，他們私下都付出過很多努力，他們流過汗、流過淚、流過血，他們經歷過挫折和苦難的歷練……這些，我們常常忽視了，我們只是關注了他們成功的光環。

2009 年，我開始立志成為一名人生規劃師的時候，我的基礎幾乎是零，當我決定創作一本人生規劃書時，我其實沒有任何寫作經驗，另外，當時剛剛結婚 3 年，孩子也才 2 歲，我的伴侶只是一般的上班族。但我當時有破釜沉舟的決心 —— 我一旦下定決心去征戰，我就會全力去做，專注去做。於是我花了兩年多的時間創作了《新規劃 —— 帶我們走向美好未來》。我詳細的生涯征戰經歷，大家可以去看《新規劃》的 20 至 33 頁。

《新規劃》是 2011 年 8 月底出版，剛開始我主要去推廣我的書。同年 10 月，我在以人生規劃為主題的論壇看到很多人處於迷茫狀態。於是，我發表了「無條件免費做人生規劃諮商 1 年」的討論串。

无条件免费做人生规划咨询！　　只看楼主　收藏　回复

核心会员

我叫段秋文，我有23年独立自主的生活历练、15年的职业经历（包含了近10年的创业经历）。我是湖北省中国营养学会认证的第一批营养师（我儿子不到5岁已经上学前班，从来没有因生病打针吃药），我结婚近6年——夫妻关系都很不错。我是《新规划-带我们走向美好未来》的作者。我09年开始立志成为一名优秀的人生规划师，并且花了两年700多个日夜学习、了解、研究人生规划并创作出了《新规划》。我希望通过出书、做咨询、做培训去帮助那些迷茫的朋友走出人生的困境，走向美好的未来！当然在帮助他人的同时也会成长自己、成就自己。

在如今这个物欲横流的时代，能够放下一切，耐住寂寞（创作《新规划》的两年多时间，我几乎没有任何收入，靠我可爱的老婆支持）潜心研究，用心创作。我扪心自问"这样的人多吗"——真的很少！

为了让更多的人懂得自我规划人生，我段秋文承诺：在未来至少的1年内，我段秋文愿意为任何人提供无条件免费的人生规划咨询！也就是说只要你有需要，你就可以来找我咨询。咨询方式为网络QQ（156625755）交流（如果电话，请你通过QQ预约），咨询时间每天的晚上8:00-10:00（我尽量保证这个时间段在线——可以让彼此互动交流，如果我不在线，请你留言（留言你随时都可以），但只要你留言，我一定会回复。

真心祝福各位身体健康、家庭幸福、职业成功！愿一切美好的事情都发生在你的身上！

圖：論壇討論串之「無條件免費做人生規劃諮商 1 年」

透過 1 年的免費諮商，我了解到迷茫的人最需要的不是人生規劃而是職業生涯規劃。

2012 年開始，我調整了自己的志向 —— 做一名優秀的職業生涯規劃師。

不知不覺，我已經提供 1 對 1 職業生涯規劃諮商服務 5 年多了。5 年多的諮商服務雖然也協助了數百人遠離了職業迷茫，但是還有更多人一直都在迷茫中，所以幾年前就開始準備創作本書，希望透過本書可以讓更多人遠離迷茫。

總之，我覺得，當我開始決定涉足規劃領域去征戰，我開始努力專注去學習、去實踐、去領悟，上帝也會為我開路。其實，對你也一樣，只要你努力、專注 —— 行在征戰的路上，上帝也會為你開路。

我們每個人的一生都是一趟征途，都是一次征戰，上帝在億萬精子和卵子中揀選了我們，我們就已經是贏家，上帝在創造我們的那一瞬間就已經有了偉大計劃 —— 就已經賜予了我們偉大的使命。但是上帝不會輕易把這個計劃告訴我們，需要我們自己在成長的過程中尋找 —— 就如玩密室逃脫一樣，需要你不斷思考，不斷尋找，不斷嘗試；當你經歷千難萬險明白了自己的使命時，上帝也不會輕易讓我們去實現這個偉大的使命 —— 如果輕易就可以實現，我們會驕傲、會自信心膨脹，甚至會放縱自己。我們必須要有破釜沉舟的決心；我們必須要經歷苦難的磨練、心靈的折磨；我們必須要勇往直前、經過浴血奮戰、浴火重生才可以完成這偉大的使命。就像《梅爾吉勃遜之英雄本色》（*Braveheart*）中的主角威廉·華萊士（William Wallace）。唯有透過奮鬥、征戰贏得榮譽才配得上英雄的稱號。

職業生涯規劃就像永遠為自己的人生留一盞燈，失落時、希望時、躊躇時、堅定時……你都可以輕輕點亮，它所照耀的每一日每一處，都是你收藏的夢想與瞬間的鑽石。有了它，我們就會擁有征戰的方向和前進的動力。

迷途職返

一個人最好的狀態，就是熱血而理智地面對自己的職業生涯，哪怕經歷苦痛的生活，走過一座又一座城市，穿越人來人往的街道，見證一次又一次成功與失敗。當別人質疑你時，你也可以問心無愧地說，我一直在征戰，我從來不曾退縮過。

3. 來一場與內心深處靈魂的對話

我非常喜歡著名影星成龍的一部動作片《我是誰》（*Who am I?*），在電影中，被失憶困擾的成龍在非洲原始森林裡不斷尋找著「我是誰」這一問題的答案，同時還面對來自外界的不同危險。

電影的結局是皆大歡喜的，以英雄形象出現的成龍，終於明白了自己所承擔的角色。

但電影畢竟不同於生活。在我們的職業生涯中（尤其是早期），很多時候，我們都需要——與靈魂深處的自己對話

簡單來說，與靈魂深處的自己對話的目的，就是要清楚：你是誰、你想要什麼、你打算怎麼辦。如果有可能，對話之前最好找一片曠野，這樣就更容易聽到自己內心深處的吶喊。至少你得找一個非常安靜的地方。

■ 1. 你是誰？

在張德芬《遇見未知的自己》的第一章，老人問李若萎：「你是誰？」

我是我的身體和我的靈魂或精神的結合體，我是獨一無二的，我是與眾不同的，我有自己的志向和使命，我有自己獨特的個性……我是誰區別於我不是其他人。然而很多人卻忘記了我是誰，已經被這個社會同化了。

表：關於「我是誰」的探索

關於「我是誰」的探索	
李若菱的回答	老人的回覆
我叫李若菱......	不是，名字只是代號
我在一家電腦公司上班，我是負責軟體產品的行銷經理	職稱和職務也不是，過一段時間你可能換
我是個苦命的人，從小父母離異，只見過父親幾面，十歲以前都由外祖父母撫養，繼父對我向不好，冷酷疏離。為了脫離家庭，我早早結婚，卻久婚不孕，飽受婆婆的白眼和小姑嘲諷，連老公也不表示同情。工作上老遇到小人，知心的朋友也沒幾個......	這是你的一個身分認同，一個看待自己的角度。你認同你自己是一個不幸的人，是多舛的命運、不公的待遇和他人的錯誤行為的受害者。你的故事很讓人同情，不過，這卻也不是真正的你。
我天生聰明伶俐、才華洋溢、相貌清秀、追求者眾！我是大學畢業的高才生，收入豐厚，我老公......	你很優秀！但這又是你另外一種的身分認同，也不是真正的你。
我是一個身心靈的集合體！	那也不全對。你是你的身體嗎？
應該是啊！為什麼不是？	你從小到大，身體是否一直在改變。
我是我的思想、情緒、情感......	也不是，你可以感知你的思想、情感、情緒但是他們不是你。
我是我的靈魂	很接近，不過我是誰這個問題很難用語言去形容。但是我是誰，和「我不是誰」相對應。

從心理學的角度來看，要真正了解自己是誰，意味著明確自己的特徵，包括你的性格優勢、劣勢、意願（你的想法、興趣愛好、價值取向等等）。這樣，才能認識藏在內心的那個我。

由於每個人的性格優勢都會有差異，而且每個人的想法、興趣愛好和價值取向都會有所不同。日常生活中強調「他比較有個性」，實際上是指其個性表現出的特徵比較明顯，而「這個孩子沒什麼個性」，當然同樣也是說個性特徵被隱藏起來。

所謂個性特徵，也可以理解成我們每個人在社會活動中被識別的程度。正如同每個人的面部特徵一樣，有些人雖然長得並不天生麗質，但天然具有看上去就難以忘記的特徵，以至於見過一面後就難以忘記，而有些人雖然長得五官端正堪稱清秀，但卻偏偏是個「大眾臉」，走進人群往往很難被發現。而個性特徵，也就是不同的「自我」在進入社會活動以後，表現出來較為穩定的成分。

用下面的圖示可以表明個性特徵的組成部分——

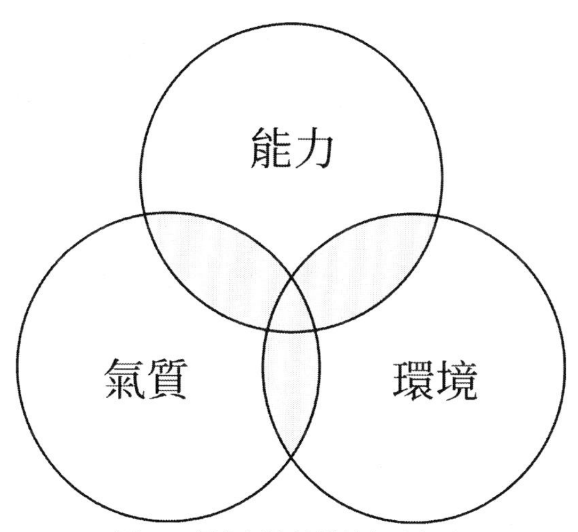

圖：一個人個性特徵的組成部分

人都是環境的產物（環境給予我們刺激，但是我們可以在環境給予我們刺激的同時，做出不同的選擇，如果你做出積極的選擇你就會變得更好，你的外部世界也會變得更好；反之，你做出消極的回應，你就會進入一個惡性循環），天生的氣質經過後天環境的塑造形成性格，能力也是我們在成長過程中受到環境的影響而形成的。

每個人外在展現出的能力、氣質和環境之間的交集，將表現成為他們明顯的個性特徵。這也就意味著，個性特徵是人們如何區別自我和他人的最重要依據，而分析自己的個性特徵，也是正確看待自我的重要途徑。

當然，關於「我是誰」這個問題，每個人都或多或少有自己的答案。

我不禁想起麗茲·維拉斯奎茲（Lizzie Velasquez）——這個在網路上被稱作「全世界最醜的女人」，由於她生來就沒有脂肪組織。一天即便吃60頓小餐，她依然骨瘦如柴，體重只有26公斤；左眼睛是棕色的，右眼發藍且已經失明。她的病令全世界的醫生感到震驚和困惑（全世界只有三人受此馬凡氏症候群的困擾）。為此，不同尋常的她被稱為「骷髏女孩」。但她卻以自己的罕見經歷著書，並在TED上發表了演講名為《勇敢的心：維拉斯奎茲的故事》（*A Brave Heart: The Lizzie Velásquez Story*）的演講——「從我出生的那一刻起：

醫生就叫我父母不要期待任何事；

他們說我將不停地哭；

他們說我永遠不會說話；

永遠不會走路；

永遠不會爬；

他們說我將做不了任何事。」

「而我的媽媽說，我要帶她回家，盡我們所能愛她，撫養她。」

生活並沒有讓麗茲心灰意冷，父母視她為正常人一樣呵護。

直到她的一段只有 8 秒鐘、沒有聲音的影片在 YouTube 上走紅，自此她被冠以「世界最醜女人」、「骷髏女孩」這樣的稱號。

YouTube 上無數評論對她說「你應該自殺」、「你父母怎麼不把你掐死」……面對留言和一次次攻擊，她決定站起來，微笑面對。最終，她成為了 TED 講臺上最鼓舞人心的演講者之一，在困境中給人帶來正面能量。

無論是先天的疾病還是後天的生長環境都沒有將她打敗，她經歷了一場「世界最醜的女人」和她自己內心的鬥爭和靈魂的對話。她發現了那個堅強、勇敢的自己，並且意識到，最好的反擊就是讓他人看到自己的成就。

最後，她贏了。

如她所言：「這是我的磐石，帶我走過一切；就是有時間一個人待著，禱告，和神對話，並且知道祂在那裡聽我，即使有時在黑暗的時刻，這些事情好像看起來永遠不會好轉，如果你有信心，繼續鼓勵自己，你最終會度過一切。」

為了真實地袒露你的內心自我，你可以試著在自己身上，尋找更多先天特性和後天角色等要素，從而進一步發現自己是誰。

我的伴侶信基督教有 5 至 6 年了，她常邀請我去參加教會活動和學習，有時候，為了滿足她的心願，我也會去。但是我一直不相信。直到幾個月前，參加了教會舉辦的夫妻特會 —— 家庭婚姻的講座。這次特會讓我們的家庭婚姻有一個本質上的改變。所以我決定信基督教了。有一次，牧師專門講了一個主題也是「我是誰」。透過我最近學習《聖經》（Bible）了解到，我們每個人都是上帝按自己的形象造的，我們每個人都是獨一無二的，我們都是神的兒女，只要我們活著，神就一直在眷顧我們並和我們同在。

2. 你想要什麼？

在心理學上，價值觀具有明確的特徵和定義。

價值觀代表著我們對不同人、不同事物的總體評價和看法，從這樣的評價和看法中，我們將了解這些客觀事物的重要性和意義所在。

由於價值觀的形成和發揮作用，我們從嬰兒到成年的過程中，將逐漸形成對於自己是誰，這樣的看法，將決定我們的自我認知，決定每個人的理想、信念、生活目標和追求方向。

價值觀的取向和追求，形成了我們職業發展的價值目標，這些目標將展現在我們在職業生涯中追求的一切事物和狀態上。為了能更加有效評價這樣的目標，我們還將用價值作為尺度和準則來進行自我評價。

你可以嘗試回答下面的問題，並這樣去發現自己的價值觀 —— 不同職業生涯時期，我想要什麼？

我想得到的主要關於物質，還是主要關於精神狀態？

我是否在乎他人怎樣評價我想要的目標？

我的想法比較容易實現，還是相對困難？

我在怎樣的環境下會改變自己的夢想和欲望？

顯然，每個人在回答這些問題時，給出的答案都不相同。

其實，「要什麼」問題的答案，也正由上面這些答案所構成。

這個測試告訴我們，每個人對於世界的判斷標準，大都取決於他們自身的需要，並按照個體內心的尺度評價。另一方面，上述問題的答案，並非你在職業生涯短期內就能釐清或者加以改變的。

我曾經認識一位企業老闆，他從小生活在很貧困的家庭，成年後依靠自己的奮鬥而獲得了數百萬的資產。但直到現在，他都受當年父母教育和家庭情況的影響，覺得開口向別人借錢或者任何東西都是很傷自尊的選擇。因此，在生意上，除非萬不得已，他很少主動向銀行借款融資，而在個人生活上 —— 我聽說，有一次，老闆忘記帶錢包，而汽車又送去保養，他乾脆步行走了一小時回家，卻不願意下樓到公司的辦公室找隨便哪個下屬借錢叫車。

在這位老闆看來，一旦自己「淪落」到要向他人借錢，那麼，自己一定錯了，世界也一定出現了問題。好在，直到目前為止，他還不需要向任何人借錢。同樣，他的夢想目前也還是「賺更多的錢，做更大的企業」。這樣的夢想在他職業生涯中還會穩定延續下去，甚至不會有絲毫改變。

當然，絕大多數人的價值觀都是合理的，並且跟他們學習過的書本知識並沒有太多的交集。夢想和欲望並不等同於知識和理論，雖然兩者有相互交叉的關係，但並不會完全重合。這是因為知識和理論告訴你的是「知道什麼」和「懂得什麼」，但價值觀卻在這個基礎上，向你指出「相信什麼」和「想要什麼」，以便採取行動。

我想要什麼，屬於夢想的感性層面，但因人的欲望永無止境，想要的太多，大家可以從理性的層面來問自己 —— 我需要什麼，那些需要是我們必不可少（我在《新規劃》中總結了生命有 6 大需要），另外，大家也可以去了解馬斯洛需求層次理論（Maslow's hierarchy of needs）。

3. 你打算怎麼辦？

—— 用你擁有的去追求、去征戰、去創造你想要的。一定要捨得。

明白你是誰和要什麼之後，另一個重要的過程將徐徐展開 —— 明確自己應該怎麼辦，對於這個最後問題的解決，就是對方法論的認識和闡述。

一位諮商者小楊曾經向我吐露過這樣的職場遭遇 —— 作為公司的新人，他工作相當努力，也獲得了不少業務上的成長和突破，在進入公司大半年後，小楊已經為自己供職的業務部拿到兩三個大客戶的訂單。然而，小楊的成績不僅令其他新同事嫉妒，連上司也好幾次擱在他的前面 —— 無論向上級彙報或是和其他部門合作，上司都有意無意地把拿下訂單的原因歸功於自己。

對此，小楊不僅無法理解，甚至覺得自己做得多也就錯得多，自己的問題就在於太想表現自己，或者根本就是進了一家錯誤的公司工作。

其實，小楊面對的問題，並不是他無法確定自我角色，也不是因為他的價值觀需要如何調整。也許只需要適當地調整與人相處的方法。如同小楊一樣，我們在正式開啟職業生涯後，總會遇到不同形式的困難煩擾，需要採取良好的方法才能獨立面對和完美解決，讓內心和外在的自我變得足夠強大，不斷成長，走向成功。

我給小楊的建議是：

1. 懂得欣賞自己

—— 自己做出成績，遭受上司、同事的嫉妒不是我的錯，是我努力和能力的展現。

在職業生涯中，無論是面對客觀還是自我的問題，你必須要學會看到自己的不同之處，發現其中的優點，同時延伸到具體的行動中。

例如，適時和自己對話加以感受，透過重新觀察自我的外形或語言特點來尋找信心等等。

當你能夠用正確方法來接受自己的不足，並充分懂得欣賞自己的優勢時，你會發現，可以充分地彰顯和釋放自己的生命力量，自我的潛能也可以得到最大的利用。

▩ 2. 學會欣賞他人

—— 雖然他們妒忌我，但是他們也一定有值得欣賞的一面。

在解讀小楊的故事之前，我們要看到，他的同事和上司如何看待其業績，或多或少帶有主觀解讀的因素。當一個人沒有學會用實用方法論去欣賞他人，就經常會因為自己的主觀感受來認識事實，或許，上司只是希望自己在業績中的分量不至於被小楊抹殺，而新同事則希望從羨慕中得到精神動力。如果小楊掌握了正確的方法去用善意和欣賞的眼光來看待他們，可能就不會再覺不公。

▩ 3. 反思自己

—— 不僅僅是業績讓他們嫉妒，也許是自己的某些行為讓他們不滿。可以透過改變自己來適應環境，從而建立和諧的人際關係。

嘗試換一種眼光和身分去解讀職業生涯中的種種困境，用不同的利益取向和時空長度來衡量那些表面現象，你將發現，那些原本令人不堪忍受的事情，其實或多或少都有其存在的合理性。

例如，改變自己的說話語氣和行事風格等等。

4. 懂得接受

——生活中，改變不了的要試著去接受並積極、樂觀面對。

即使我們學會了所有實用方法並用來指導自身之後，我們還是應該了解接受的方法。

有朋友開玩笑說，與自己對話是「瘋子」。

但在我看來，這是一次自我反思的機會、是一次心的探索。

唯有如此，我們才能循序漸進地從根源上切除迷茫與失敗的兩顆毒瘤。

迷途職返

人類，宇宙的精華，萬物之靈。真正的自我，應當是一個充滿靈性的所在，而這個與內心深處靈魂對話、尋找真正自我的過程，將是你閱讀後面章節之前最重要的任務，更是你職業生涯旅途中，不可或缺的任務！運用這種能力，你會看清更多事物的本質，在今後的職業生涯中走得更加順遂！

4. 為你的人生描繪一幅理想職業發展圖

幾乎每位向我諮商的朋友都希望我能幫他們描繪一幅「理想職業發展圖」。從而讓他們像在現實生活中擁有一張地圖一樣——有了地圖想去哪裡都可以。

在幫大家描繪這幅圖畫前，先來說一個有趣的現象。

我發現，現實生活中有很多人還沒中獎（甚至還沒去買樂透），就急著做起規劃——如果我中獎了怎麼怎麼樣，甚至很多人都喜歡替樂透中獎者規劃。

原因何在？

曾經有一年大樂透開出大獎，將近高達 7.5 億元。這個訊息迅速以開出大獎的樂透彩券行為中心，傳播到整個城市，並很快在網際網路上引起更大範圍的熱烈討論。同年 8 月，又有地方開出上億的大獎，更讓無數人豔羨之餘紛紛討論，其中，聲音最強的莫過於替樂透中獎者規劃接下來的人生。

對這些聲音具體分析，大致可以分為幾個「流派」：

表：樂於為大獎得主做規劃者的幾個「流派」

樂於為大獎得主做規劃者的幾個「流派」	
流派	分析
享受生活型	這類規劃者提出，彩券中獎者應該立即改變生活走向，先是包機全世界旅遊，住最好酒店，吃最好的西餐，買最好的時裝，看最好的表演。
投資理財型	這類規劃者提出，中獎者在城市中心買個十來套房地產再說，也有人建議創業，還有人建議不要那些大風險投資，直接放在銀行生利息也能很妥當地維持幸福生活......
公益付出型	這類規劃者提出，中獎者完全可以在改變自己生活的情況下，將獎金捐獻給慈善事業如紅十字會、醫護團體或者希望工程等等，只有這樣，才能實現物質層面和精神層面的共同提升。
惠及親友型	這類規劃者提出，中獎之後不僅要改變自己的生活，還應該能夠改變父母家人、親戚朋友的生活，必須要拿出充分的財產來和他們共同享有。
改變環境型	這類規劃者提出，相比較於享受或者回報而言，改變下一代的環境更為重要，只有讓這次中獎能夠變成下一代獲得更高起點的契機，才算對得起這樣的飛來橫財。

由於眾多聲音的不同，一些人甚至還發生了爭執，乃至上升到人身攻擊。但他們顯然忘了思考一點 —— 為什麼我們喜歡並如此積極地為中獎者規劃？

很顯然，樂透中獎者從購買樂透到中獎再到之後的一系列行動，都是其個人獲益和行為，和其他人並沒有多少實際關係。從這個角度來看，為樂透中獎者規劃，更多是為了滿足自身的內心需要，也就是「期望投射」效應，將自身本來具備的情感、意志特徵，直接投射到外界，投射到他人身上，並強加於人，認定他人也是如此。

在這樣的心理表現下，人們才更多地喜歡對別人的中獎規劃。

當然，另一種心理效應也不應忽視，即「路徑茫然」心態。

在這種心態影響下，許多人無法透過尋找正確的路徑來實現自己的理想，因此，他們往往選擇直接將期望寄託在有機會實現理想的個體身上，從而跳過「路徑茫然」的階段。同樣，這種心理效應的過度作用，也會造成不公感或挫敗感。結果便是，對職業生涯感到越來越迷茫，與理想的職業漸行漸遠。

圖：關於職業生涯與發展規律的漫畫

其實，不只是樂透，我們的職業生涯規劃亦如此 —— 很多人對自己的職業生涯一片茫然，卻樂於為他人規劃，實則是將自己暫時實現不了的願望強加於人（精神寄託，比如很多父母都把自己沒有實現的夢想強加於孩子身上）。這種「路徑茫然」的心理往往導致我們更加難以找到理想職業的發展規律，從而培養起自己真正的職業興趣。

理想職業發展規律中的關鍵詞是：

好奇心→興趣→特長→專業→職業→專注和成長→成功。

根據理想職業的發展，你可以設計一幅理想的職業生涯發展圖：

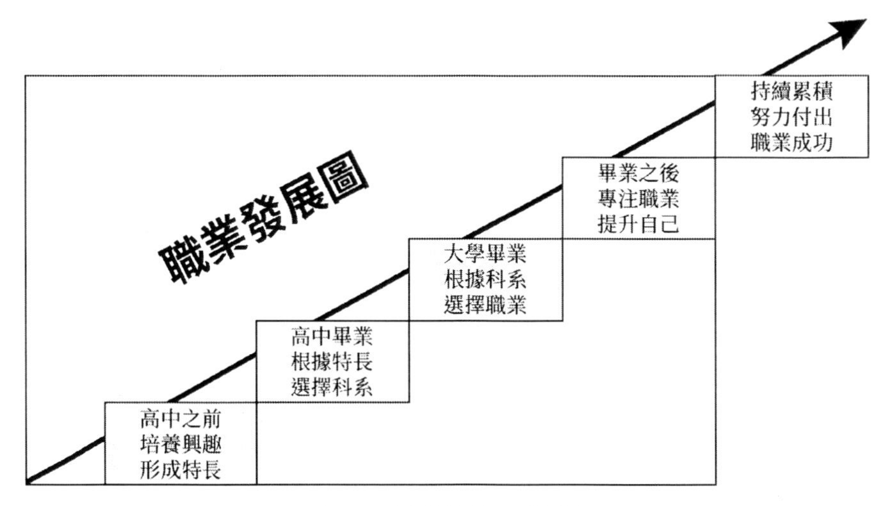

圖：理想的職業生涯發展圖

從這幅圖中你會發現：

職業開始於就職或創業，但是職業發展的源頭是培養興趣並形成特長，並在這個基礎上形成自己的職業興趣，從而選擇專業和職業。

總之，萬事萬物都存在一定規律之中，職業生涯也不例外。

找到了規律，接下來，你就可以嘗試培養職業興趣，刺激做事潛能。

唱歌、跳舞、書法、畫畫、運動……

每個人的興趣都不少，但職業興趣卻不多（有的人甚至沒有）。

因為沒有職業興趣，所以很多人的職業缺乏根基，所以職業很難有突破性的發展。

儘早培養自己的職業興趣是職業發展的關鍵

很多人（尤其是男性朋友）都喜歡籃球、NBA。但是細細分析發現——這些人的喜好可以分為三個層次：

表：喜歡籃球、NBA 之人喜好的三個層次

喜歡籃球、NBA 之人喜好的三個層次	
層次	分析
單純喜歡	他們只是喜歡看籃球比賽、自己很少參與這項運動（也許曾經參與過）。
業餘愛好	他們不僅喜歡看籃球比賽而且自己經常參與這項運動——我就是這樣的一個愛好者，在上學的時候就喜歡籃球，工作十幾年後我現在依然喜歡。不過不管是喜歡看，還是喜歡參與這項運動，我們都沒有將自己的興趣轉化為職業。所以這些興趣被稱為業餘愛好——對我們的人生有幫助，但是對於職業本身沒有什麼直接的作用。
真正熱愛 積極付出	他們不僅喜歡而且從小就熱愛這項運動——他們在這項運動上全心投入、付出並形成了專業的能力，最後他們成為了職業籃球運動員。當然，他們的天賦、身體條件會有差異，所以他們的成就會有不同。但是他們都熱愛這項運動。因為熱愛，所以他們即使沒有取得想要的成就，他們都會享受這項運動的樂趣。還有一些熱愛籃球的朋友，他們也許因為天賦等原因沒法直接成為籃球職業運動員，但是他們透過自己的努力成功進入了與籃球相關的領域找到了自己喜歡的職業——例如籃球評論、體育記者等。只有那些熱愛的興趣才可以成為職業興趣，有了職業興趣就可以立定自己的志向。

尋找興趣——你可以透過下面 5 個問題來發現興趣。

圖：尋找興趣的 5 個問題

關於上述 5 個問題，如果你心中有明確的答案，說明你已找到自己的興趣。

興趣到志向的唯一途徑就是專注努力付出

從小喜歡彈鋼琴的人很多，但最後透過彈鋼琴發展自己職業的人卻很少，是因為很多人只喜歡而已，他們沒有將自己的喜歡轉化為職業興趣。而朗朗、李雲迪等鋼琴家卻不一樣，因為他們將喜歡轉化成了職業興趣。他們不斷學習、不斷訓練和領悟讓自己在這個領域不斷成長、成功。從而讓自己成為這個領域的專家、內行並形成自己的個人品牌 —— 很難被人替代。

李開復老師曾說過：「興趣就是天賦，天賦就是興趣。」興趣是助你今後做好每一件事情的原動力！

迷途職返

職業生涯不僅需要勇敢而無畏的心態，更需要理智與清醒的認知，在找到規律的同時，需要去發現自己的興趣並立定自己的志向！

5. 就業準備：我來了！我征服！直到成功！

目前大多數的民間企業應徵條件，基本上都是大學學歷以上。許多低學歷的朋友，在職業發展中都會面臨這樣的尷尬 —— 進國營事業、考公務員、進外商公司基本上沒戲。

先來看一個諮商案例。下表是一名高中畢業生 4 年的工作經歷。

表：一名高中畢業生 4 年的工作經歷

一名高中畢業生 4 年的工作經歷					
行業	地點	職位及職能	工作成果	選擇該工作的目的	換工作的原因
KTV	A 城	服務生	沒成果	工作半年多，求生	沒前途
代工廠	A 城	作業員	沒成果	工作 2 年多，求生	沒興趣
工業倉庫	A 城	倉管	沒成果	工作半年多，求生	沒前途

該諮商者高中畢業就出社會，沒專業、沒技能，只能做體力和簡單腦力的工作。這種高中甚至國中畢業就走入社會的人群只是諸多求職者的縮影，他們沒學歷、沒經驗。結果混了好幾年之後，還是只能為了「求生」而工作。

所以我們如果不提升自己的學歷，恐怕也只能做一些簡單的、體力活的、服務性質的工作 —— 例如進廠做工人、餐飲行業做服務生、美容美髮業做助理，物流行業做司機，建築行業做臨時工，或去企業做倉管等。

低學歷就該一輩子都做底層的工作嗎？

曾有一位國中畢業的女孩向我諮商。她的經歷讓我感慨：

她國中畢業後，就跑去父母在外工作的地方求職，那一年她只有 14 歲。

過了一段時間，父母幫她在當地找了個專科學市場行銷。一年後開始實習、自己找工作。由於她從小對茶藝感興趣，從事的工作大部分都與茶藝有關。

她透過不斷努力，成為了一個非常優秀的茶藝師，而且還培訓出了不少學徒，當然收入也很不錯。

更讓我佩服的是 —— 茶藝師常常面對的都是一些有錢人，她身邊很多茶藝師為了享受生活，自甘墮落。她卻出淤泥而不染。不僅如此，她希望自己未來可以去做幫助他人的事業，例如，幫助老人、孩子以及弱勢人群。

雖然這個女孩學歷、條件、起步等都不如身邊的很多人，但我相信：她若繼續努力，一定可以成就一個了不起的未來。

低學歷只代表你過去沒好好學或沒條件學，說明你學歷的起點比較低，但起點不等於終點，過去不等於未來。過去的學歷也不等於未來的學歷 —— 你可以透過多種管道提升自己，例如自學、補習，如今還可以透過網路去學習。所以低學歷不是問題，最關鍵的是你要不要成長。

大學生該如何成長或準備？

▩ 準備 1. 學好專業早成長

一是為職業發展打下了好基礎；二是對自己更有信心 —— 學習專業也是一種能力，你學好了表示你有這個能力，會增強自己的信心；三是更容易求職成功 —— 企業主會根據你過去在學校的學習表現來推斷你未來的表現。這也是為什麼很多企業都喜歡應徵名校和成績好的應屆畢業生 —— 僅僅是因為他們曾經表現好。

在諮商中，有很多大學生問到 —— 我不喜歡自己的科系，我該怎麼辦？有如下幾個解決方案：

一是如果可以，退學重考轉系：有很少的一部分大學生，因為沒有上喜歡的系所或上好的學校，他們選擇退學重考；也可以在校內轉系。

二是選擇輔系為自己的職業發展準備備胎：

在這裡給大家介紹一個成功的案例。

她是讀文組科系的，她自選的系所沒被錄取，被分發到一個前所未聞的系所 —— 地理資訊系統專業。她對這個科系毫無興趣，但是她沒有選擇自暴自棄，而是勤奮努力，在學好本科系的同時，用心發展自己的興趣 —— 英語。大學畢業時，她不僅拿到了畢業證書，還擁有了「英語六級證書、電腦二級證書、學校甲等獎學金、全國大學生英語競賽亞軍」，2010 年畢業之後進入一家大企業從事少兒英語培訓 —— 2011 年榮獲該教育機構當地年度「十佳優秀教師」。2012 年度被評為該機構的「教師之星」。如果她像很多其他大學生一樣，僅僅因為不喜歡自己的科系就放棄好好學習，那麼她畢業的時候就不可能進入大公司做英語培訓。所以她的故事應該可以給你一些啟發！

三是積極調整自我 —— 讓不喜歡轉化為喜歡。

①改變喜好是可能的：喜歡、不喜歡甚至討厭只是一個人的感覺或意識，是完全可以改變的，比如，我之前討厭吃苦瓜 —— 從不

吃苦瓜，但是當我了解苦瓜有很多營養——對身體的健康有幫助，我開始嘗試吃苦瓜，慢慢的我覺得苦瓜雖然苦但是吃起來還不錯。所以我現在也蠻喜歡吃苦瓜了。

②也許，你只是因為「外在的因素」導致了你不喜歡——你不喜歡的不是科系本身，而是那些可惡的「外在的因素」：比如因為父母強迫你選擇了這門科系。從一開始，你就用牴觸的心態去對待這門科系——你就肯定不會喜歡這個系所，其實你不喜歡的只是「父母的強迫」而跟科系本身沒有關係；

③不喜歡科系是很正常的。大學科系主要是以理論為主，專業理論的學習本來就會比較枯燥。

④不喜歡可能僅僅是你的第一印象：我們都有這樣的體驗，我們對某人的第一印象好，我們就會愛屋及烏；而對某人印象不好，就會覺得對方什麼都不好。其實某一個人他好與不好，不會因為你的印象而迅速改變，也不會因為你他身上的缺點會消失、優點會增加——任何一個人都有好的一面和不好的一面，關鍵是你用什麼樣的心態去看待。專業也一樣，任何專業要學好都不容易，任何專業都會有好的一面和不好的一面。所以當你遇到暫時不喜歡的專業，你也可以調整你的心態——讓不喜歡變為喜歡。就如你遇到了一位第一印象不好的女孩，但是透過接觸、了解——發現她身上有很多優點，你也會改變對她的第一印象並喜歡她。

⑤即使學習不喜歡的科系，也可以找到喜好的職業：我們上大學的最終目的是讓自己的職業發展有一個好的基礎。大多數科系和行業的對應關係是 1 對 1 或 1 對多。而一個行業中會有很多工作職位、很多工作機會。即使你沒有學習自己喜歡的專業，只要你用心

學好，你也可以找到真正喜歡的職業。

⑥學好專業後有不少好處：一是為職業發展打下了好基礎；二是對自己更有信心 —— 學習專業也是一種能力，你學好了表示你有這個能力，會增強自己的信心；三是更容易求職成功 —— 企業主會根據你過去在學校的成績來推斷你的未來的表現。這也是為什麼很多企業都喜歡應徵名校和成績好的應屆畢業生 —— 僅僅是因為他們曾經表現好。

所以，千萬不要因為「不喜歡科系」為藉口，荒廢大學的四年時光。還有一些大學生以自己的學校太壞、老師教學太差等為藉口和理由放棄好好學習。這些已經是事實，你個人無法改變，你就需要積極去面對。不然走入社會，會面對更多實際問題，如果你只是找藉口、只是逃避，那麼你就會習以為常、養成逃避的習慣，那你有可能逃避一輩子、一輩子一事無成。

準備 2. 練就職業基本功，全面提升自己

主要包括：

泛用技能儘早學。

儘早學好一些通用的電腦應用軟體 —— Word、Excel、PPT。

適當參加社會活動。

提升自己的溝通和表達能力 —— 這是通用技能。

和同學友好相處。

與人友好相處也是一種能力。如果你以後想創業，要找創業夥伴 —— 同學是很好的選擇。

和老師搞好關係。

不是要你去送禮，而是在學好科系基礎之下多去聯繫老師、幫他們做一些力所能及的事情。也許，畢業的時候他們可以幫你推薦工作。

廣泛閱讀。

在顧好本科系的基礎去廣泛閱讀，這是為了擴大自己的知識面、提高自己的眼界。

累積職業經驗。

暑假、寒假盡量去做一些和科系相關的工作；在沒什麼課程的情況下，要儘早去實習和就業。真正實用的技能、經驗等都是出社會、開始工作後獲得的。

保重身體。

不要沉迷遊戲、經常熬夜、不吃早餐，要多運動、多鍛鍊，好身體是職業的本錢。

迷途職返。

學習的目的是提升自己和更好地發展自己的職業。

每個有條件的人都應該做好職前準備 —— 學好專業基礎、全面提升自己。這樣就可以切除迷茫與失敗的毒瘤，讓自己贏在起點。

終有一天，你會微笑著對自己說：我來了！我征服！直到成功！

6. 未來的每一條路都是你自己選擇的結果

當你走在每天必須面對的分岔路口……

就業的同時也意味著不斷面臨選擇。

選擇的過程中，我們往往不知道自已的選擇是不是正確，因為沒有人能提前預知哪個才是正確的選擇，但是如果我們有了人生的方向，選擇就簡單 —— 和你的方向保持一致。

在人生十字路口，沒有哪條路是絕對正確的，有的只是不同的風景而已。其中的一條路，或許會令你走得更加艱辛。但是，這並不重要，重要的是你選擇了怎樣的風景。如果你要在職業上取得成功，那你需要專注你的方向。

諮商者子沐在學生時代有著豐富的工作經驗，曾擔任過院學生會副會長、新生輔導員等職務；曾獲得工作優秀獎學金、優秀學生幹部等多種榮譽；在畢業的岔路口上選擇了考研究所和就業兩手準備，在拿到較滿意的工作之後毅然放棄研究所複試的機會，帶著對大學生活的懷念和對新生活的嚮往，自信地迎接未來的挑戰。

畢業是一個十字路口，每個人都必須有自己的選擇。

一位諮商者曾給我寫過這樣一段留言：

記得剛上大學的時候，對於未來的職業生涯我並沒有具體的規劃，也沒有多大的理想。當步入大四之後，很多人都為自己的前途感到困惑，我也是。當我艱難地做出自己的選擇後，回首四年的大學生活，有過許多的快樂，也有過許多的苦惱。面對考研究所還是工作，我始終矛盾不已。很多人都選擇了考研究所，我卻不大喜歡這個選擇，因為實在有點厭倦學生生活，當然也可能是因為大學期間自己學習成績一直不好，所以對學習產生了一種厭煩的情緒。但是找工作就要將自己放到一個面對社會選擇的位置上，要有一定的勇氣。或許是因為自己缺乏勇氣的緣故吧，所以最終選擇了考研究所。準備考試的日子雖然枯燥無味，覺得備受煎熬，但至少我重新找回了學習的感覺，這種感覺就像考大學前的那段日子，辛苦但終身難忘。這也讓我明白了，既然選擇了就要義無反顧。

正因為不同的選擇才有了不同的結果。如果你是一名大學畢業生，那麼，你很可能將面臨以下選擇：

▒ 選擇 1. 就業

這是大多數大學畢業生的選擇，他們需要盡快參加工作，一是解決自己的經濟來源，二是有可能家裡還需要他們提供經濟支持（例如還有弟妹在上學，需要寄錢回去）。

學校和職場是兩個完全不同的環境，理論只是基礎，關鍵還是在就職後的實踐。學校學習的理論需要結合實踐才容易轉化為價值。在實踐中遇到不懂的我們可以邊做邊學或請教他人，這樣更容易成長。

所以，一般情況下，大學畢業生都應該儘早出社會、累積經驗，這對一個人的心智、能力等各方面都是一個很好的鍛鍊，要結合自身條件儘早就業。

選擇 2. 創業

如今政府不斷支持大學生創業並提供一些優惠政策鼓勵和刺激大學生創業。但是，大學生社會經驗太少，能力和經歷有限，創業需要具備一定的基礎和資源。

我的建議是，大學生不要盲目去創業。

每個人都想成為比爾蓋茲（Bill Gates）式的人物，但是每個人都不是比爾蓋茲，因為比爾蓋茲在上學期間就具備了創業的條件。如果你也覺得自己具備了創業條件，那麼你可以勇敢地去嘗試，否則最好先就業累積經驗、能力和資源，再找機會創業。

選擇 3. 考研究所

隨著畢業就業壓力增大，很多大學畢業生都想透過考研究所增加就業籌碼，另外還有很多畢業生覺得大學的專業沒學好（也許是因為不喜歡或被分發等）想透過考研究所轉換領域，這樣既可以提高學歷又可以發展職能。

如果僅僅為了就業去考研究所是不太明智的。

考研究所雖然可以提升學歷、增加理論知識，但是社會經驗和專業技能並沒有多少提升，另外讀研究所需要推遲 2 至 3 年入職，自己的年齡會增大 2 至 3 歲。當然這樣籠統地說考研究所沒必要是很片面的。我們應結合自身情況謹慎選擇。

選擇 4. 考公務員

很多人都想過穩定、體面的生活，但不是每個人都適合做公務員，還需要根據結合自己的實際情況選擇具體考哪類公務員。有一個諮商者考上了公務員，但是做了不到 1 年後，覺得不適合，又回到了他之前工作的單位，回去的時候還費了好多周折。這樣不僅浪費了時間、精力、金錢，還弱化了之前行業的累積。

選擇 5. 出國留學

有這樣想法的畢業生，大多數家裡有一定的經濟實力。具體是否選擇出國，還需要根據自己的實際情況而定。不過，你首先要釐清為什麼要出國留學，出國留學對你的職業長期發展是否有幫助。

不管你做出什麼選擇，選擇的原則都是你的選擇是否更有利於你的職業發展，你的選擇是否在為你的志向做鋪墊。

迷途職返

沒有人會故意做出一個不利於自己的決定。他們之所以選錯，往往是由於不懂得如何選擇。

很多人無法了解自己到底適合做什麼工作，只好換來換去，希望能在就業過程中找到自己的興趣所在。但現實往往是許多年過去了，仍然很迷惑。所以我們要認真選擇，否則你根本不知道今後的職業生涯裡，哪片土地適合你生長，什麼樣的環境適合你發展。

7. 痛苦，是世界讓你變得更堅強的方式

由於「敵意假象」，我們經常可能認為：痛苦是從別人那裡來的（例如，在職業生涯中遇見的上司、同事）。如果對方予以改變，我們就不會痛苦了。

但實際上，職業生涯中那些所謂的敵意和痛苦，還是來自於我們自身。

當然，和周圍人、事、物的關係之所以會陷入僵局，也可能在於你面對他們時進行改善步驟的遲緩。我所接觸過的很多諮商者，明明知道自己和他人的關係出現問題，但他們始終沒有意識到需要加快改善這種關係，即使做出了某些如整理內心壓力、善意閱讀他人或者正確思考等的舉措，其進行速度也過於緩慢，而是常常以「利益重要」、「時間不夠」等方式忽略了。最終，他們無法解決根本問題，從而無奈地將世界看作自己的敵人，痛苦地面對職業生涯中可能出現的人、事、物。

其實，世界不是你的敵人，沒有人是你的敵人，即使有所謂的敵人，也是你自己造成的。

在職場上，讓自己變得更強大，是你遠離痛苦、征戰世界最好的方式。在我看來，對諮商者的指導，不應只是知識、技能方面的，身心都調整到最佳狀態，才能遊刃有餘地面對即將向自己敞開的職業大門。

1. 每個人都給予並承受痛苦（作用力與反作用力定律）

五行山壓著孫悟空，孫悟空的痛苦之大，可想而知，否則，以他的能力和脾氣，早就掙脫而出了。在心理層面，對於這樣一個江湖角色，習慣了呼朋喚友的閒散生活，終於要開始面對真實的世界，承認自我的無力，更可看成一種以折磨形式而開始的持續痛苦。因此，不少人都曾經相當同情五行山下的孫悟空。

不過，孫悟空值得同情，五行山也一樣承受著孫悟空不斷掙脫時的痛苦。

從另一個角度看，山和孫悟空的痛苦誰更大，還真是個說不清道不明的問題。

孫悟空被壓在山下，他的感受是自身失去了自由，還必須面臨痛苦的內心糾結，但他起碼還有鐵丸子吃和銅汁喝，能夠維持基本的生命和功夫；但五行山就並非如此了，它必須每天面對自己暫時壓住的這個狠角色，時時刻刻保持警惕，注意孫悟空的每一次呼吸和每一個異常行動。同時，五行山自己也並非輕鬆，不要忘記，它一樣是被壓制的，壓制它的，正是如來佛的那個六字真言。對於五行山來說，一旦出現問題，自己遭到的可能就是毀滅性的打擊。

因此，從這個角度來看，五行山同樣也感受著來自孫悟空和如來佛的痛苦。當然，如來佛作為最高領導人，也面臨著孫悟空跑出來攪得天地不安的痛苦——起碼在心理上。

這就證明了心理學中一個重要的定律——「作用力與反作用力」，即社會生活中的每一個角色，實際上都同時扮演著痛苦給出者和接受者的角色。

作為承載方，在衡量和評估自身感受到痛苦的同時，不妨應該秉承這個故事所展現出的上述原理，既要看到自己作為承擔者的一面，同時也要看到自己也在給著他人以痛苦。

2. 遠離痛苦的冥想放鬆訓練

表：冥想放鬆訓練的要領

冥想放鬆訓練的要領	
步驟	方法
姿勢矯正	冥想放鬆訓練中，你需要端坐或平躺在瑜伽墊上，注意一定要全身心地放鬆，保持呼吸的和緩安寧，讓自己沉浸在專業的放鬆曲目中，並讓意念遊走關注與身體的各個部位。最重要的是，讓腦海裡完全空曠，一切原先對世界的認知全部被暫時清空，關於世界的種種不快或者歡喜也要全部丟棄。
冥想訓練	這樣的訓練，是讓我們的認知力獲得休息，並煥發新生的寶貴途徑。同外表看到的不一樣，所謂「冥想」其實只是為了便於表達，其真正的內涵在於「什麼也不想」而保持的空靈狀態。但這種「不想」又並非真正完全陷入無意識地睡眠中，否則，人們大可以用睡眠來取代心理調適了。「冥想」的真正含義在於讓你的思維、心態和認知感受回到當年在母體內的感覺，即使沒有睡眠、充滿活力，但也依然保持著對世界「空白」的認知感。
放鬆之後	當這樣完全放鬆之後，有時，你還可以借助放鬆後的舒適感小睡一下，當你醒來後，會發現身心都如同在溫泉中浸泡過一樣。

由於職業原因，我幾乎經常能接觸到沉浸在痛苦中的諮商者們，他們在諮商過程中表現出的壓力，常常讓我感到，光陰似箭的人生中，人們只能活一次，卻為什麼不能積極調整自我，獲得釋放？但從另一方面來看，或者這也能更讓我感受到職業的神聖使命感。

對於不少人來說，走出痛苦的陰霾需要一個漫長的過程，尤其是由於認知習慣所導致的心靈困境，尤其需要他們能夠及早進入自我調整的模式中。

因此，我常常會在諮商之後，提出一些額外的建議。例如，健康的戶外運動，或者美妙的古典音樂等等。當然，更不應該錯過的則是下面的冥想放鬆訓練。

冥想放鬆訓練本身是心理學應用中最容易操作的一項自我調整方法，而隨著瑜伽運動在城市中的興起，有著更多的機會跟我們所接觸。

有許多人都曾經問我：「你們專業諮商師，自己遇到心理問題的時候，會怎麼解決？」冥想放鬆訓練是其中的一種方法，當然每個人甚至某個時間段的選擇不一樣；比如我本人，有時候我會選擇冥想放鬆訓練；有時候我會選擇閱讀、聽音樂；週末我通常會讓自己去籃球場揮汗如雨，當我信基督教後，我還會選擇讀《聖經》、禱告等方式來放鬆。

你也可以試一試「自我冥想放鬆訓練」，這樣的快樂體驗也無需一個人獨自占有，你還可以和自己的好友、同事共同完成放鬆。

這種共同約定，往往既能夠讓你發現更好的放鬆效果，同時也能便於在訓練結束之後，互相之間進行討論和感悟——在這樣的討論和感悟中，你很有可能重新認識身邊這些重要的人，並伴隨這樣的認識，讓自己變得越來越強大。

迷途職返

職業生涯伴隨人的大半生，沒有人能保證一路順風順水。我們要有一路逆風的勇氣迎接每一次挑戰，用科學的認知方式化解每一種痛苦，變得堅強，戰無不勝！

Chapter2

制定征戰地圖、描繪征戰路線

── 你若不嘗試走出陰影，沒人能賜你那一米陽光

實踐是最好的老師。透過多年的諮商工作及分析總結，我發現職業生涯規劃有6個關鍵 ── 其中有3個是宏觀的，3個是微觀的。為了更好地應用和傳承，我將這6個關鍵形成了一個體系 ── 3+3職業生涯規劃體系。運用這套體系，你可以完成自己的職業生涯規劃、釐清你的職業目標、清楚你的職業方向。

有些人之所以走不出陰影，並不是因為他的前方沒有光，而是不肯挪動慵懶的腳步，向前一步。

美國科學家富蘭克林（Benjamin Franklin）說過：「既然實現你的理想和目標關鍵在於採取行動，那麼就沒有尋找理由的餘地。」

我曾經遇過一個諮商者，他只想住一樓（暫時住不起電梯大樓）。原因是他不願意爬樓梯，不願多走路。

另外，有一些諮商者，諮商後覺得信心滿滿，但是要按規劃去實踐就寸步難行。比如有一位朋友諮商後，我還協助他寫好了履歷，可是他就是不願意去找工作。

再好的規劃如果沒有行動去支持，那規劃就如一張廢紙。與其整天慨嘆就業難，陷在陰影裡，不如行動起來，嘗試走出陰影，才能面對陽光。

1. 志不立，征戰就沒有方向

立定志向是征戰策略的第一步，有了志向就有征戰的方向。

3+3 職業生涯規劃體系助你開啟人生新的篇章

表：助你贏在路上的 3+3 職業生涯規劃體系

3+3 職業生涯規劃體系		
職業規劃的6個關鍵點		作用
整體關鍵點	立定你的志向	讓人生追求有方向
	選定好的行業	讓職業發展有軌跡
	選定你的城市	讓職場有策略據點
個人關鍵點	選擇你的職位	讓你可以愉悅工作
	選擇好的企業	讓職業有個好平臺
	設定職業路標	讓你清楚下一步該向哪裡去征戰

志向、行業和工作城市這三個關鍵點是宏觀屬於職業規劃的策略層面，所以要儘早定（也許，在職業初期，需要一段時間去探索，但是對於同一個人來說，策略層面定得越早並不斷專注，那麼事業成功的機率越大）。而且一旦定了就不要輕易去更換。策略定了，做決策就簡單——只需要圍繞你的策略去做選擇就可以了。

所以寧可多花點時間去了解後再決定，也不要輕易去決定然後更換。因為不管是更換志向、行業還是工作地點，成本都非常高、對職業的負面影響會很大。也許，短期時間內看不出來有多大影響，但是時間越長越容易看出影響到底有多大。例如畢業的幾年內，同學們差距都很小，但是 10 年，20 年後，差距就很大。導致差距的原因不是能力的問題，而是專注累積的結果（成功者專注累積就會厚積薄發，而失敗者因為經常換職業導致自己不斷歸零、不斷重新再來。就如挖井的故事，不斷換地方挖井挖到水的機率自然會小）。在三個宏觀的基礎，職位、公司和職業路標這三個關鍵點是微觀的、階段性的，職位可以升遷，公司可以更換、職業路標也是在不斷變化的。但重點是把控三個宏觀，在宏觀的基礎去做選擇。很多人跳槽都是亂跳，因為他沒弄清楚三個宏觀，所以他們不斷地在換行業、換工作地點。而且大多數人都沒有清晰的志向。所以越跳越迷茫。

另外，三個宏觀是相對靜態的，而三個微觀是相對動態的，所以職業生涯規劃不是靜態的而是靜態與動態的結合體。而且職業生涯規劃不是一個點、一條線，而是一個體系 —— 是由三個宏觀關鍵點和三個微觀關鍵點融合的一個體系。

接下來，我將會把這套體系的完整內容傾囊而出，願你有一天可以如魚得水地運用這套體系，從而完成自己的職業生涯規劃、釐清你的職業目標、清楚你的職業方向。

根據上面介紹的 3+3 職業生涯規劃體系，你要做的第一步是立定志向，讓你的人生追求有方向，從而漸漸走出迷茫。

根據我多年諮商的經驗以及我自己立定志向的經驗——立定志向需要結合你自己的性格優勢、意願（你的想法、興趣愛好、價值取向等）和你的現狀來綜合考慮。

你可以從幾個思路去立定志向：

1. 發現你性格的優勢

透過性格測試、性格確認和性格分析——明確自己的性格優勢，確認自己適合做什麼。

例如：

表：幫助你發現性格優勢的幾個問題

幫助你發現性格優勢的幾個問題	
問題	內容
問題 1	什麼事情，你做起來比較容易而其他大多數人做起來會比較難？
問題 2	你覺得自己有什麼特別的天賦和優勢？
問題 3	做什麼工作，你會感覺時間過得很快並且很開心？
問題 4	在你的成長過程中，有哪些值得你驕傲的事情？
問題 5	有哪些事情，你做起來特別投入而且樂在其中？

■ 2. 發現你興趣點

請回答以下問題：

表：幫助你找到興趣點的幾個問題

幫助你找到興趣點的幾個問題	
問題	內容
問題 1	如果上天賜給你魔法棒可以實現你的一個願望，你願意去做什麼樣的工作？
問題 2	你有那些興趣愛好？你最喜歡什麼？——你覺得哪些興趣愛好可以轉化為職業？
問題 3	你曾經和現在有什麼樣的理想？（可能有多個）這些理想，你覺得哪一個理想更具可行性，為什麼？
問題 4	如果你現在開始立志，5 年後你希望從事什麼職業？為什麼做出這樣的選擇？
問題 5	如果你只剩下 1年的時間，你會因為過去沒有嘗試什麼職業而後悔？
問題 6	工作之餘，你經常會做哪些與職業相關的事情？
問題 7	假如你有一千萬意外之財，你會選擇什麼職業？
問題 8	你願意為什麼樣的職業而付出或你最嚮往什麼樣的職業？

當我們對某些事情感興趣時，我們就會花時間和精力去思索這些事情，透過不斷地思索和探索，我們就會對做這些事情具備一些能力，當我們透過這個能力可以為自己創造價值甚至可以養活自己，我們就可以把興趣轉化為我們的職業。然而很多人只是處於對某些事情感興趣，他們並沒有花很多時間和精力去思索和探索，所以就沒辦法形成做事的能力，所以他們的這些興趣僅僅是興趣而已 —— 沒辦法轉化為職業。通常你真正感興趣的事情都適合你。

3. 了解你的現狀

請回答以下問題：

表：幫助你了解現狀的幾個問題

幫助你了解現狀的幾個問題	
問題	內容
問題 1	你目前具備什麼樣的專業知識？
問題 2	你目前具備什麼樣的職業能力？
問題 3	在你熟悉的領域，存在什麼樣的外部機遇？
問題 4	你有哪些人脈關係可以帶你進入某個領域？
問題 5	你目前自己有多少金錢去支撐你的職業發展？

4. 立定你的志向

最後，綜合你的性格優勢適合做的與你興趣點願意做的找到交集點，然後結合你的現狀可以抓住什麼樣的外部機遇，確定可行的切入點。

除此之外，或許你還有一些關於立志方面的疑問。下面我將以問（Q）答（A）的形式總結如下。

Q：我現在很迷茫，不知道如何去立志？

A：不要因為迷茫給自己找不立志的藉口。首先要有去立定志向的意願和決心。但立志也不是一件容易的事情。包括我自己，直到 35 歲才開始立志做人生規劃師。

我立志是從兩個方向去思考。

一是從自身去考慮。即上面提到的我有什麼樣的天賦、優點、優勢——你過去的生活、工作經歷中，有哪些方面是自我覺得很不錯，有哪些方面是他人覺得你很不錯的，這些事情可以展現你什麼樣的優勢和天賦，還需要了解自己的性格特點適合做什麼；二是從外界去分析。利用我的這些優勢我可以抓住什麼樣的機會、服務什麼樣的人群或者說外部有什麼樣的問題——機會存於問題中。當內外結合就可以立定志向——用自己的優勢去匹配外在的機遇。

Q：我過去立錯了志向怎麼辦？

A：如果你的志向是合法的，就不存在對錯，只有合適不合適——例如，我在 2009 年立志成為第一名的人生規劃師。這個志向並不合適（因為很多人連職業生涯規劃都沒有，何談人生規劃——人生規劃包含了職業、健康、家庭等規劃）。所以 2012 年我的志向調整為職業生涯規劃師。

人生的過程就是用「你擁有的」去追求「你想要的」，然後在這個過程中去體驗追求的快樂、幸福；順便去獲得你想要的結果。

如果最終獲得了你想要的結果，那麼恭喜你，努力沒有白費。如果沒有，只要你努力了、付出了、感恩了，你亦會獲得內心的寧靜。

迷途職返

人最恐懼的是沒有征戰的方向，立定志向就是給自己下定一個決心——給自己承諾一個征戰的方向，也是許自己一個了不起的未來開始！

2. 行業不分貴賤，但它能幫你瞄準征戰的向

如果志向是人生的方向，那麼行業就是職業的方向。為什麼這麼說呢？因為隔行如隔山，產業與產業之間存在產業壁壘，當然不同的職業的產業壁壘會不一樣，例如那些通用性的職業，例如會計、倉管、出納等，每個公司、每個產業都需要，產業的壁壘就會低一些；而那些涉及到專業技術、技能的職業，門檻會比較高，換行業會比較困難。

我從數百個諮商案例中總結了一個規律：在職業初期，一個人涉足的產業越多，那他所獲得的職業高度越低。

行業不分貴賤，客觀看待行業好與壞。

很多人在選擇職業的時候，都想尋找捷徑 —— 入個好行業，這樣就容易快速成功致富。殊不知，行業不分貴賤，沒有絕對的好行業和壞行業（好的行業也會逐漸成熟、衰退，壞的行業會引起相應行業的崛起 —— 你可以順勢而為進入相應的行業）。可以進入好的行業是你的福氣。不過，大多數行業既不是興起的行業也不是衰退行業，所以做好本職工作並不斷提升自己在本行業的競爭力才是根本，即關鍵是我們要成為行業的內行人 —— 任何行業都是內行人影響外行人，內行人賺外行人的錢。行行出狀元，無論哪一行業，只要你做到足夠好，都有成功的機會。

如何正確選擇行業？

選擇行業不能僅僅看外部的環境，還要結合優劣勢分析法（SWOT），根據自身優勢綜合考慮。

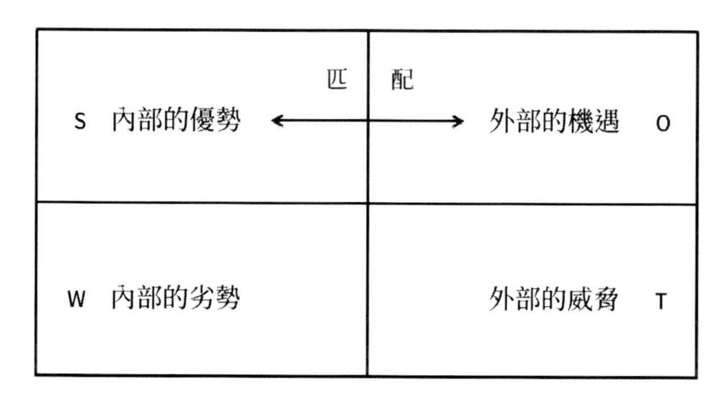

圖：SWOT 行業分析法

如上圖所示，內部指的是自身或組織，外部指社會或外部環境。

如果用內部的優勢去匹配外部的威脅 —— 不成功是必然的，因為一個人的力量相對外部的趨勢，力量是微弱的。

如果我們用內部的劣勢去匹配外部的機遇 —— 可以獲得一些成長，但是很難獲得成就。所以好行業不一定需要你。

如果用我們的劣勢去匹配外部的威脅 —— 寸步難行。

我們只有利用自己的優勢去匹配外部的機遇即準確定位。我們才可以最大化地發揮自己的優勢、才可以獲得巨大的成就。

那麼具體到個人，該如何正確選擇行業呢？

我將就業人群主要分為 3 大類，一是剛剛畢業的大學生，二是有工作經驗的大學生；三是沒有上過大學的人群：

1. 剛剛畢業的大學生

這類人群只有專業而沒有實際的工作經驗。所以專業是選擇行業的切入點。

如果你的專業對應的行業處於成熟或衰退期，你可以放棄你的專業為切入點，選擇一個前景行業 —— 不管做什麼先進入這個行業，然後在這個行業內去成長自己。

2. 有工作經驗的大學生

這類人群不僅有專業基礎而且還具有產業經驗。如果你的科系和工作的產業相吻合而且只有一門產業經驗，那麼你可以繼續在這個產業去發展。如果你的專業和產業不對應，建議繼續選擇現有的產業；如果你的工作涉及到多個行業，那麼這個需要具體問題具體分析。一般來說選擇經驗比較豐富、產業前景比較好的行業。

3. 沒有上過大學的人

這類人群沒有專業基礎。

你可以根據你的工作經驗 —— 在哪個行業的工作經驗豐富就去選擇哪個行業。

最好是邊工作邊自學 —— 利用業餘時間去考一門科系。

不管你是屬於哪類人群，都應該去做行業分析。

圈定幾個你可以選擇的行業，然後針對以下幾個方面進行逐一分析：

表：行業分析的重點問題

行業分析的重點問題	
問題	內容
問題 1	這個行業的存在是因為它提供了什麼價值，這個行業的核心需求是什麼？
問題 2	這個行業處於什麼發展階段（萌芽期、成長期、成熟期和衰退期，如果處於成熟期和衰退期最好不要進入，如果已經進入了，需要關注替代的行業——一個行業的衰退，必然會有一個相應的新興行業興起）。
問題 3	該行業有哪些相關行業（有哪些上游行業、下游行業以及相鄰行業）？
問題 4	該行業的「產品形成和流通」是怎樣的？每個環節的關鍵因素是什麼、創造了什麼價值獲得了相應的利益？誰掌握了這個行業的定價權？
問題 5	這個行業是否有某些特殊的要求？（例如直銷業的關鍵是看你的銷售、行銷和管理能力）
問題 6	該行業前三名的企業和當地前三名的企業是哪些公司（並了解說這些企業排名的標準是什麼）一這些公司的優勢是什麼？
問題 7	如果你要進入這個行業，存在什麼樣的障礙？

透過對以上問題的思考分析，最後決定你要選擇的行業。

無論進入哪一行，都不能決定你職業生涯的成敗。

再好的行業，成功的人只有少數，因為你即便進入了一個所謂「好」的行業，你想成為這個行業中少數的成功者，你需要做正確的職業定位和定向，然後你需要腳踏實地去努力學習、實踐和領悟。再透過時間的累積，才可以慢慢走向成功。

轉行有風險，決定需謹慎。

由於社會變化發展太快，有時候我們在剛入行沒多久就必須面臨轉行。

不過，不要輕易去轉行——尤其是在職業初期，你轉職的次數越多，那麼你會混得越差。一個人的精力和時間是有限的，我們只有盡可能專注一個產業持續累積，才容易獲得職業成功。相反，轉職的成本卻很高、風險很大。

還有一些諮商者，對轉職存在一個失誤 —— 已經換行了，自己還沒有意識到。這主要源於他們對行業的認識不清楚。

例如，曾經有一位諮商者，她在工作的 8 年期間換了 4 到 5 份工作，每份工作都是做外貿業務，但是每換一次就換了一個產業（因為，這些外貿公司所涉及的產品都不一樣，有的賣鞋、有的賣燈，還有的是賣五金等等）。而她自己根本沒有意識到自己換了產業。她認為外貿就是一個產業。而實際上外貿只是一個企業類型 —— 說明這些公司都是以做對外業務為主的貿易公司。對外和對內是相對的，外貿公司的客戶都是國外的。所以她每換一次就需要重新去了解產品、了解市場，所以她的外貿業務一直做得不太好。因為換來換去沒有多大累積，這也意味著職業沒有得到好的發展。

雖然不要輕易轉職。但在現實中，你可能會面臨不得不轉職的局面。

如何轉職：你需要做三個確定和一個準備。

1. 確定你現有的產業所處的時期

例如，正處於成熟期或衰退期，及產業沒發展性。

通常一個細分產業的衰退通常會導致另一個相關產業的興起 —— 例如黑莓機被普通手機替代，普通手機又被智慧型手機替代；底片相機慢慢被數位相機替代等。所以如果你所在的產業面臨衰退或滅亡，那麼你可以選擇這個產業的替代產業或相關產業去發展。這就是我要說的第二個確定。

▩ 2. 確定你要換到哪個產業去

當我們要轉職時，我們首先要明確我們的方向，即要換到哪裡去。當然目標產業需要有潛力，不然以後還得面臨轉職。

▩ 3. 確定轉職思路

轉職通常有兩個思路。

例如你現在在 A 產業做財務，想到 B 產業去做人資，那麼你有兩種途徑：

一是先在 A 產業內轉職 —— 從做財務轉向做人資，即先轉職再變換產業，然後再從 A 產業轉向 B 產業做人資；二是先從 A 產業換到 B 產業做財務，然後在 B 產業內進行轉職 —— 從財務換到做人資。

總之，從 A 產業換到 B 產業，你需要在兩個產業之間找到一個切入點。這樣就容易轉換成功，而且會降低轉職的風險。

▩ 4. 做好轉職準備

不管是怎麼換，我們從 A 產業換到 B 產業，都需要做某一具體的工作，這個工作對應著某一個工作職位。要勝任這個工作職位，你就需要具備一定基本技能、專業知識、專業技能和一定經驗。

注意，千萬不要還沒準備好就裸辭去轉職。這樣通常都會很難轉職成功。另外，有些朋友想當然地認為自己不適合目前的產業，所以要轉職，這種觀念是錯誤的！

產業是由很多企業組成的，而每個企業都包含了多個職位 —— 一個人適合不適合的是工作職位，你更需要去適應產業 —— 在產業內找到適合自己的職位、在產業內找到好的企業。

換跑道有風險，不換跑道也會有風險。最重要的是你是否有強烈的意願要去轉職，即轉職的決心決定轉職的成敗。如果你下定了決心要換跑道，就要不斷用行動去支撐，如此一來，成功只是時間問題。

迷途職返

成功不是偶然的，成功是正確選擇產業後，專注產業並成長付出累積而成的。

3. 一座城，選定了就有可能是你一輩子的戰場

職場如戰場，工作城市就是職場中的策略據點，接下來我們需要先選定好工作城市，然後在這個城市去找工作。畢竟，一座城市往往要伴隨我們很久，甚至一旦選定就有可能是一輩子。

然而，很多朋友在選擇城市時往往都會陷入以下失誤：

表：選擇城市時的盲點

選擇城市時的盲點	
盲點	內容
沒有選擇工作城市的意識	很多人根本沒有意識到工作地點需要選擇。都是先找工作，然後工作把他們帶到什麼地方就在什麼地方，如果下一次換工作，他們又重複著同樣的錯誤。
總想成為北漂青年	北部雖然較繁華，但不要覺得發展越久的城市就越好。例如，國家的發展重點會逐漸平衡南北。所以要看清形勢。
拒絕去南部	國家政策傾向扶持南部產業，所以南部未必不能待。
貪大，總想去直轄市	你想去直轄市，其他的人也想去。結果是直轄市人滿為患、競爭激烈。如果你有足夠的競爭資本，當然可以去嘗試。
根據薪水選擇工作城市	不要僅僅因為收入去選擇工作城市，高回報也意味著高投入，很多人不惜換城市、換工作只為高回報，結果卻遇到重重阻礙，不盡如人意。

那麼如何去選擇工作城市，選擇工作城市的原則、標準是什麼呢？

「謀而後動」 —— 在入職前就要選定工作城市

選擇工作城市不能僅僅考慮職業還需要考慮人生，例如婚姻、回家探親等問題。基本原則是：在哪裡發展對你的人生和職業最有利。每個人的成長環境和成長的經歷不一樣，所以選擇工作城市沒有統一的標準。

但是根據我的實踐經驗和分析總結。選擇工作城市需要從如下幾個方面去考慮：

在哪裡發展你擁有最多的資源 —— 主要是人脈資源；你在這裡是否有好的切入點並且該行業在該地區有發展潛力；你準備長期發展的這個地區，它的發展潛力要大。

對於某一個人來說，需要具體問題具體分析。

透過以下幾個實際案例的分析和總結，你或許可以獲得一些啟示。

■ 案例 1.

海濤出生在〇〇，從小學到大學都是在〇，那麼他畢業後工作城市的最佳選擇是〇〇。

我的建議是：如果你是出生在直轄市，並且在直轄市上大學。一般情況下，你工作城市的選擇應該就是你所在的城市。如果你在家鄉上學，工作城市最好的選擇是家鄉的市區（一般來說，有車站的地方就是市區）。

如果你來自鄉下，在外縣市上學。

你有 3 個選擇 ——

- 留在上學的城市；
- 回你鄉下的城市；
- 去外縣市發展。

我的建議是：因為來自鄉下的朋友基本上沒什麼外部資源。所以最重要的選擇依據，是看好的切入點，至於準備在哪裡長期發展，一般來說在哪裡工作久了就會在哪裡定下來。

表：T 市是海濤畢業後工作城市的最佳選擇（原因分析）

T 市是海濤畢業後工作城市的最佳選擇（原因分析）	
原因	內容
外部資源都在 T 市	外部資源主要是自己的人脈、能夠給自己提供幫助的外部資源。
有好的切入點	透過我的了解——他適合做業務。他學的是國際專業而且還是名校畢業，在 T 市找個外商或者銷售國外產品的公司做業務，肯定是可以的——他可以有一個好的切入點，至於該行業的發展前景，這需要看他具體選擇什麼行業。
自身主觀意願	他自己說——等賺夠了錢就回去發展，這說明他想在 T 市長期發展。
T 市的策略意義	T 市屬於中部重要城市，在中部崛起的策略部署中有著重要的策略意義，T 市的未來發展一定會很不錯。所以他選擇 T 市才是正確之舉。

案例 2.

有個諮商者，她和老公在 A 城市的兩地工作，不過相距不是很遠（2 小時的車程）。但她現在想回家鄉發展。

問題是，如果要維持婚姻，兩個人最好在一個城市工作。如果長期分居，恐怕婚姻遲早會出問題。如果她一定要回家鄉，她首先需要他老公的支持並且老公也願意去跟去。否則還不如離婚算了。因為她回家鄉，如果老公不和她一起去 —— 說明她老公會在 A 城市長期發展，他們將長期分居。而且兩城市的距離不是幾個小時的問題——如果要探親，週末來回都難。這樣的婚姻很難維持下去。

我的建議是：對於已婚的朋友，關於工作城市的選擇需要夫妻雙方達成一致，最好是在同一個城市工作。否則相距也不要太遠——至少週末可以在一起。

案例 3.

十年前，小王、小李是同班同學，他們畢業後都進入了電腦產業，小王在A城市，小李去了B城市。他們都來自鄉下、比較勤奮，業務都做的不錯。但是十年後，小李已經是B城市一個大型電腦公司的區域總監，而小王只是一個部門經理。這當然跟他們選擇的公司有一定的關係，但是起決定性作用的是他們當初選擇的工作城市。

十年前，B城市是一個電腦產業高速發展而且是南部的核心城市。不僅市場容量大而且發展迅速。所以小李、小王同學的起點和基礎都相差不多、工作的努力程度也相當，但是產業區域的發展速度決定了兩個人十年後的差距。

我的建議是：對於立志從事業務銷售的朋友來說（當然需要考慮自己是否適合做業務），你所選擇的產業在該地區的發展決定了你未來職業的發展高度。這就是我們為什麼要去選擇發展快或者發展潛力大的工作區域（當然這只是選擇的參考點之一，不要把它作為唯一的選擇標準）。

至於究竟應該選擇哪座城市，不妨遵循「魚」原理：

小魚選小溪、池塘；中魚選河流、湖泊，大魚選大河、大江、大海。

問題是怎麼去判斷自己是什「魚」。

表：判斷自己是什麼「魚」的方法

判斷自己是什麼「魚」的方法	
條件	選擇
如果你沒什麼追求、安於現狀	選擇小城市
如果你有一定的進取心	選擇中型城市
如果你有強烈的進取心、有遠大的志向	選擇大城市

當然小魚也可以透過小溪遊入河流湖泊甚至大海——如果小魚自己不長大，就很容易被大魚吃掉。所以一個人的成長速度和成長潛力會影響到城市的選擇。

儘管工作城市的選擇很重要，但這只是一個個性化的選擇，沒有固定的選擇方案，只有透過對個案進行具體分析後，才能做出最合理的選擇。

該不該說走就走，換一座城市？

換城市不是最終目的。說到底，它牽涉到更換職業。

我經常或碰到有的諮商者想要更換工作城市。

尤其在職業生涯初期，往往一個人沒有什麼負擔和壓力，很容易就來一場說走就走的旅行。諮商者魯達工作不到 4 年換了 5 個城市。我問他為什麼換了這麼多地方，他說哪裡找到了工作就去哪裡（他和很多人一樣都是透過網路投履歷找工作，不過他的口才還不錯，可以透過視訊面試錄取）。

我開玩笑對他說——像你這樣，比爾蓋茲都難成功。

孫子曰：「謀而後動。」

我的建議是：我們需要在入職前就要選定工作城市，選定了就不要輕易去更換。因為更換工作城市的成本很大。

我們從一個地方去另外一個地方，之前累積的東西都會歸零。選定工作城市就不要輕易去換；尤其是成家之後，更不要輕易去換。除非把愛人和孩子一起帶走。否則夫妻長期分居會導致婚姻矛盾激化，有可能婚姻破裂。這樣就得不償失。因為人的精力和時間都是有限的，我們需要選擇在一個地點去長期發展。

另外，專注一個工作城市有利於累積人脈，並且你之前累積的人脈關係會得到鞏固（如果你不斷換城市，換一個城市人脈關係基本都會歸零）。

卡內基（Dale Carnegie）說一個人的職業成功15%取決於自己的職業技能，85%取決於人脈關係。所以專注一個城市去發展會更容易取得職業成功。

之所以現在還有很多剛出社會的朋友常會換工作城市：

一是因為他沒有意識到自己在換工作城市，即大家很容易根據自己找到的工作、自然而然地換工作城市。加上現在網路普及，很多工作都可以視訊面試，很多朋友在外地找到了工作，於是就去了外地。

二是職業初期，一個人沒有任何牽絆，想去哪裡就去哪裡。其實，最根本的原因還是他們沒有意識到工作城市定位的重要性。他們從來沒有考慮過——我準備長期在哪裡發展的問題。

值得一提的是，儘管我強調盡量避免更換工作城市，但並非意味著不能更換。

有一些特殊的情況，我們可以選擇換工作城市。例如，你之前在一個公司的辦事處或者分公司工作，如今因為工作能力出色，總公司要招你去總部工作。這個時候可以考慮去總部發展；你在職業生涯中後期，職業發展起來了 —— 已經建立了個人品牌，需要重新進行策略定位，我們可以重新選擇新的策略據點。這些情況就可以考慮換工作城市。

總之，定工作城市猶如古代建國時的定都，從歷史上看，有幾個君王會在自己親政期間會遷都並且遷都成功呢？在中國古代歷史上，歷朝歷代的遷都不勝列舉，但學術界公認的著名的遷都卻只有8次。也就是說中國歷史上真正遷都成功案例只有8次。所以當我們選定了工作城市之後，我們就需要定在這個城市去找工作並準備在這個城市長期去發展，而不要輕易去更換工作城市，這不僅僅是職業的發展還關係到你今後的人生！

迷途職返

隨著企業國際化，國內有一些知名企業的市場不斷在國外擴張，這樣必然會導致越來越多的人必須要去國外工作，即會遇到城市定位的困惑。如果你剛畢業不久，你可以去國外歷練幾年然後再回到你長期發展的城市，當然你也可以放棄大公司到國外工作的機會；如果你已經成家 —— 這就要看你看重什麼。一般來說，你已經成家，你在一個知名企業應該做到了中上層，既然你已經在知名企業做得不錯，那麼你也就有更多選擇的權利。例如你可以選擇跳槽留在當地工作；當然如果家人支持，你也可以去國外工作一段時間。

4. 從職位出發，讓征戰像中毒一樣著迷

我們在前面探討過的定志向、定行業和定工作城市都是屬於生涯征戰宏觀層面的。而定職位和我們每天具體做什麼相對應，是屬於生涯征戰戰術層面的，是微觀的。

很多諮商者對我說：「我不喜歡目前這個行業，我想轉行。」

其實，他們想表達的意思是：我不喜歡目前所做的這個職位，我想換個自己喜歡的工作職位。一個產業內會有很多公司、每個公司都會有多個職位，你具體喜歡的只是你所在的職位而不是產業。

選擇適合自己的職位，才能愉悅工作

選擇適合的工作職位需要結合三個方面：

1. 能力

能力，即你是否有能力勝任這個工作職位，或者說你是否滿足這個職位的應徵條件，有做某事的能力。具體可以分為四大類：

表：能力的四種類型

能力的四種類型	
類型	內容
體力勞動	這是每個身體發育正常人都能夠做的事情，例如做清潔、搬運、送貨、收款、打電話等，只是這樣的事情，我們大多數情況下都不願意去做。
基本技能	例如使用電腦處理基本的文檔，這屬於職業基本功。
專業技能	例如維修電腦、維修汽車等，這不僅需要一定的專業知識做基礎，更需要實踐經驗。
做管理或領導人	這需要較強的綜合能力，包括較強的一對一、一對多的溝通能力、較強的思考分析能力、較強的決策能力等。

上述四種類型和我們職業生涯的不同階段相對應。例如，你剛進入社會的時候，只能從事體力勞動或基本技能類的工作；漸漸地隨著經驗的豐富，你可以從事專業技能類的工作，如果能把專業技能做到極致，你就可以成為產業的專家和頂尖人士；有的人還具有管理和領導天賦，於是他們可以成為企業的主管並有可能成為領軍人。

2. 性格

性格，即這個職位和你的性格是否吻合，職位是否能夠發揮你性格的優勢。

性格是天生氣質經過後天雕琢形成較為穩定的行為習慣，而氣質是天生的，是給人的一種整體感覺和印象。

性格可以分為四大類型——完美型、活躍型、平和型和力量型。

以下是四種性格類型的特點。

表：完美型的性格特點

完美型的性格特點	
總體性格特點	內向、悲觀、被動；追求完美、比較悲觀、外表冷漠、喜歡孤獨，愛思考、分析、總結、研究。
面對讚美時	如果讚美恰到好處，內心會感覺很好，但不動聲色；否則可能會想他為什麼要讚美我。
說服力和舞臺魅力	非常理性、最不容易被別人說服，需要自己說服自己，思路清晰，不善於表達、口頭說服差，書面說服強；在舞臺上壓力很大，舞台魅力差。
自我要求和對他人的要求	嚴以律己、嚴以待人，善於控制自己的言行，對自己期望很高。
做事情的狀態	做事情的思路清晰、有條理，行動速度慢、喜歡計劃行事。做事情有惰性，腦袋閒不住。行動力時條理清晰、強度不夠、行動緩慢、有毅力，長期積累才顯效果。
思考特點	深思熟慮、三思而後行。
說話特點	語速慢、話通常較少、善於分析問題的本質，表達準確、簡練。
所追求的	追求完美、條理、準確、細節，渴望被理解。
人際關係	與人交流時循規蹈矩、動作很少、硬，眼睛不願意直視對方、善於觀察、明察秋毫眼神給人冷靜、睿智、理性感。說話很少但是很準確並能分析出事物的本質。不喜歡主動與人交往，喜歡獨處，不容易信任他人。人際數量少，但是交往比較深、久。
面部表情	面無表情、很少笑甚至不會笑。
穿著特點	顏色單一、乾淨整潔、穿搭得體，男士顯得紳士，女性顯得優雅。
頭髮、髮型	經常洗頭、乾淨整齊。
運動、活動偏好	喜歡安靜獨處、不愛動、不喜歡參加集會活動，但是也愛體育運動，例如打籃球。
學習興趣	最愛學習、喜歡閱讀、持續學習、自學能力強。
精神狀態	追求完美、自我欣賞、喜歡給自己壓力——因為對自己期望很高；消極悲觀，總是容易看到事物不利的一面、容易憂鬱。
危機意識	未雨綢繆、預防危機，危機意識強。
自信心	對自己有信心，但是與人交往時容易自卑。
理財能力	賺錢能力一般，精打細算、很少亂花錢，容易成守財奴。
生氣和情緒控制能力	易因他人而生悶氣，但是容易控制自己的情緒、容易壓抑自己。
形象和色彩偏好	注重形象、細節，喜歡藍色等冷豔的顏色。
攻擊與防守	最佳防守，你越攻擊他越收縮，進攻能力弱，但是有持續攻擊的毅力。
愛情現象	不敢也不善於表達情感，容易單相思、晚戀、晚婚，被動戀愛型。
小時候與父母的關係	父母管教的很嚴、經常會挨罵、挨批，和父母關係很淡，沒什麼交流、不愛說話。
決斷力和認錯	猶豫不決、決而不斷；做錯了，死要面子，知錯但不說出自己錯了。
典型人物	唐僧。

表：活躍型的性格特點

活躍型的性格特點	
總體性格特點	外向、樂觀、主動、活潑開朗，追求新鮮、刺激、變化，浮躁、靜不下心，人前快樂，獨處煩躁。
面對讚美時	不管什麼樣的讚美，都樂於接受並喜形於色、快樂、開心。
說服力和舞臺魅力	感性、易被「甜言蜜語」說服、容易頭腦發熱。情感豐富、善於表達、易感染人，舞台是為他們而生，具有很強的舞臺魅力。
自我要求和對他人的要求	行動時匆匆忙忙、很快就有結果，不過結果通常不太理想、缺乏持續力。
做事情的狀態	做事情的速度快，遇到挫折就逃——3分鐘熱度。做不感興趣的事情就不想做，遇到複雜問題腦袋愛偷懶。
思考特點	跳躍思維、點子很多。
說話特點	語速很快、聲音大、有激情、有感染力。
所追求的	喜歡新鮮、變化、追求感官刺激、享受當下、快樂，渴望被人認可。
人際關係	與人交流動作幅度大，有時手舞足蹈、表情誇張，說的內容很容易誇大其詞。眼睛經常東張西望、容易顯得心不在焉，眼睛轉得很快、放光；樂於交往、喜歡群居，朋友很多知心者少，見到陌生人容易相識。眼神獨處時易迷茫。
面部表情	面若桃花、熱情奔放，笑口常開、常大笑。
穿著特點	追求時髦，色彩鮮豔、多種顏色、顯得花枝招展、光彩照人。
頭髮、髮型	經常設計髮型——燙、染、拉直。
運動、活動偏好	坐不住、好動、喜歡參加有趣味性、刺激性的活動——舞會、夜店、KTV。
學習興趣	不喜歡書本，有壓力的情況下會臨時抱佛腳、喜歡透過溝通、做事情去實踐學習。
精神狀態	熱情奔放、活潑開朗、心氣浮躁、追求虛榮，容易缺乏內涵。積極樂觀、喜歡新鮮、變化、刺激的事物。
危機意識	享受當下、危機意識不強。
自信心	和人在一起時天不怕地不怕，但是獨處時易煩躁。
理財能力	感性消費、總是買一堆沒什麼用的東西，花錢比賺錢快。
生氣和情緒控制能力	在人前很少生氣、但是情緒起伏大，容易因後悔生自己的氣。
形象和色彩偏好	喜歡色彩鮮豔、重視他人的感覺，喜歡紅色等色彩鮮豔的顏色。
攻擊與防守	短暫的爆發力很強，善於短暫攻擊，防守能力差。
愛情現象	熱情洋溢、總是喜歡異性注目，敢於表白、追求，易受挫，容易早戀、早婚。
小時候與父母的關係	家教比較寬鬆和父母的關係不錯，喜歡一起玩樂。
決斷力和認錯	輕易決斷、容易後悔，善變，做錯了，敢於認錯，但容易重錯。
典型人物	豬八戒。

表：力量型的性格特點

力量型的性格特點	
總體性格特點	偏外向、較樂觀、較主動。自信武斷、喜歡決策、立場堅定、總是很權威、強勢，以自我為中心、喜歡挑戰和冒險，非常獨立、綜合能力強。善於帶動和領導。威嚴、有熱情有幹勁，天生的領導者，追求功名利祿，目標明確。
面對讚美時	如果是比自己優秀的人讚美——感覺好，如果比自己弱的人讚美——不在乎、無所謂。
說服力和舞臺魅力	不會輕易被說服，容易被比自己優秀的人說服；想去控制和說服他人、希望他人服從自己、說服力強，有舞臺魅力。
自我要求和對他人的要求	追求權力、名望、追求實際，對他人要求嚴格、喜歡控制他人、希望別人服從。
做事情的狀態	做事情行動力強、注重結果、愈挫愈勇、不達目的不罷休，天生的行動家。工作以結果為導向，喜歡開拓性、獨立性、挑戰性的工作。
思考特點	想到就實施，不會想得太遠。
說話特點	語速較快、常帶有命令的口吻，善於抓住關鍵點並提出解決方案、直指目標。
所追求的	追求名利權、渴望成就、渴望被尊敬。
人際關係	與人交流時肢體動作有力度、幅度較大，說話直指目標、任務，眼神喜歡直視對方、給人壓迫感，眼神給人信心和堅定不移之感。善於掌控人際、交往目的性強，性格剛烈、脾氣大、容易得罪人。善於掌控人際，有一些鐵哥們。
面部表情	總是顯得很威嚴、很酷，笑得豪情萬丈。
穿著特點	喜歡職業裝、正裝，顯得精明能幹。
頭髮、髮型	喜歡短頭髮、顯得精幹。
運動、活動偏好	喜歡競爭性的運動和活動——競技運動、比賽。但是工作後忙於工作，很少去參與運動。
學習興趣	學習目的明確、為了實現目標會主動學習，也喜歡邊學習邊實踐。
精神狀態 危機意識	積極主動、樂於挑戰、過於勢利，為人正直、易發脾氣。 有較強的危機意識並且善於化危機為轉機。
自信心	自信果斷並給人信心。
理財能力	善於賺錢也會花錢，缺乏長期規劃。
生氣和情緒控制能力	脾氣較大、有氣就發，輕則罵人、重則打架，不過，往往對事不對人。
形象和色彩偏好	追求成功人士形象，喜歡黃色的帝王相稱的顏色。
攻擊與防守	攻擊欲望強、持續攻擊能力強，防守能力也不錯。
愛情現象	男性愛情高手，喜歡窮追猛打——讓女性常常招架不住；女性太強勢不太受青睞——男生都會敬而遠之，容易成為剩女。
小時候與父母的關係	和父母關係不太好，叛逆，喜歡自己主張不喜歡受父母管制。
決斷力和認錯	行事果斷、即使斷錯了也不後悔，而是馬上修正；做錯了，死不認錯。
典型人物	孫悟空。 其實，孫悟空的性格是力量型為主、活躍型為輔的組合性格——也是西遊記中唯一一個組合型性格的人物。其實大多數人的性格都是組合型的。

表：平和型的性格特點

平和型的性格特點	
總體性格特點	偏內向、較悲觀、旁觀者；溫暖、平和，追求舒適安逸，喜歡順其自然、討厭壓力，善於處理人際。善於配合、喜歡跟隨，自主性不強、立場不夠堅定、容易受他人影響和被說服，表現反覆。
面對讚美時	會開心，但是感覺不強烈。
說服力和舞臺魅力	自己沒什麼主見、容易被人說服；不願意要求別人，也不想去說服他人；在舞臺上壓力不大，缺乏個性、舞臺魅力較差。
自我要求和對他人的要求	知足常樂不會約束人，樂於接受別人約束自己，喜歡順其自然。
做事情的狀態	被動、喜歡根據安排去做事情，沒有督促容易有惰性，做事情不急不躁、按部就班、能吃苦耐勞、不愛思考、缺乏創造力。工作沒什麼熱情、喜歡做比較簡單的事情。
思考特點	簡單聽話、伸手牌、不願思考。
說話特點	語速較慢、聲音平和、讓人感覺很舒服、很柔和。
所追求的	喜歡穩定安逸舒適、自然，渴望被接納。
人際關係	與人交流時肢體動作輕微、溫和，眼神很柔和，眼睛經常和對方接觸、回應，說話目的不明確，喜歡傾聽，不願意發表自己的見解。善於交際、善於傾聽，主動性不夠。和每個人都可以有好相處，不會輕易得罪人。
面部表情	經常微笑、和藹可親。
穿著特點	喜歡寬鬆、休閒服飾，顯得舒適自然。
頭髮、髮型	自然柔順、女性喜歡長髮飄逸。
運動、活動偏好	運動能力弱，不喜歡動、喜歡散步、喜歡被動。
學習興趣	不願意主動學習，喜歡聽別人講。
精神狀態	心平氣和、知足常樂、缺乏追求、喜歡安逸、比較消極被動。沒什麼壓力、也沒什麼動力，需要外在的壓力去推動。
危機意識	危機意識較差，火燒屁股不著急。
自信心	談不上自信、也不自卑，每天都比較閒情逸致。
理財能力	賺錢能力一般，合理支出，花錢容易受身邊人的影響。
生氣和情緒控制能力	很少生氣、情緒穩定。
形象和色彩偏好	無所謂，自己舒服就行，喜歡綠色等中性色彩。
攻擊與防守	沒有攻擊心，防守能力也較差。
愛情現象	男性缺乏個性不容易受異性青睞，女性容易被追並很快戀愛、結婚。
小時候與父母的關係	和父母關係很好，喜歡聽從父母的，是典型的乖孩子、好孩子。小時經常跟老人在一起。
決斷力和認錯	自己不斷、常被別人決斷；做錯了，樂於接受批評。
典型人物	沙悟淨。

值得一提的是，沒有那一種性格是最好的。

所謂「最好」的性格是複合型的性格，即像水一樣的性格 —— 娛樂的時候表現活躍型、思考的時候表現完美型、行動的時候表現力量型而與人相處的時候表現平和型。另外，一個人的性格類型不能透過對方一兩次的行為去判斷，而需要根據對方的行為習慣結合性格特點去確定。

為了進一步了解性格和職位，下面從另外一個角度來分析。我們先來對職位進行分類。企業可以分為研發生產型的企業、銷售型的企業和服務型的企業。

下表針對不同的企業類型列舉了一些職位與性格的對應關係。

當然，由於職位太多，這裡沒有辦法一一列舉。

職業職位有千萬種，關鍵是要做適合自己的。

我們在選定職位之前先要了解自己的性格類型，同時還要了解職位的特點。然後選擇可以發揮自己性格優勢的工作職位。另外，大多數人的性格不是單一性格而是組合性格，其次基層的職位與性格之間吻合性會更高一些，而中上層的工作職位涉及到管理與領導，更多需要是這方面的經驗，而且關鍵是可以坐到這樣的位置上，不同性格的人做管理會有不同的風格。所以不要糾結性格與職業的完美匹配，很難有百之百讓你滿意的職業。只需要這個職業的核心工作和你的性格相匹配就可以。最後，在職業初期要避免去選擇對立性格適合的職位 —— 即完美型性格的人不適合做活躍型的人做的職位，力量型性格的人不適合做平和型的人做的職位。

表：不同的企業類型中職位與性格的對應關係

不同的企業類型中職位與性格的對應關係		
企業類型	職位名稱	適合的性格類型
研發生產型	研發人員	完美型、力量型
	設計人員	完美型為主
	研發管理	力量型、完美型
	生產人員	平和型為主
	生產人員管理	力量型、完美型、平和型
	生產設備管理	完美型、平和型
	人力資源管理	平和型為主
	產品檢測	完美型、平和型
	倉管	平和型為主
	採購	完美型為主
	會計	完美型為主
	出納	平和型為主
	財務管理	完美型、力量型、平和型
	其他服務性人員	平和型為主
銷售型	銷售專員	力量型、活躍型
	銷售助理	活躍型、平和型
	銷售管理	平和型為主
	市場專員或助理	活躍型、平和型
	市場策劃	完美型、活躍型、力量型
	市場管理	完美型為主
	產品的技術服務	完美型、平和型
	文書工作人員	平和型為主
服務型	客服人員	平和型
	客服經理	平和型為主
	諮商服務	完美型為主
	物流人員	平和型

3. 意願

意願，即你想從事什麼職位、你喜歡什麼職位、你對什麼職位感興趣。

結合以上三個方面我們可以勾勒出「職位選擇圖」——

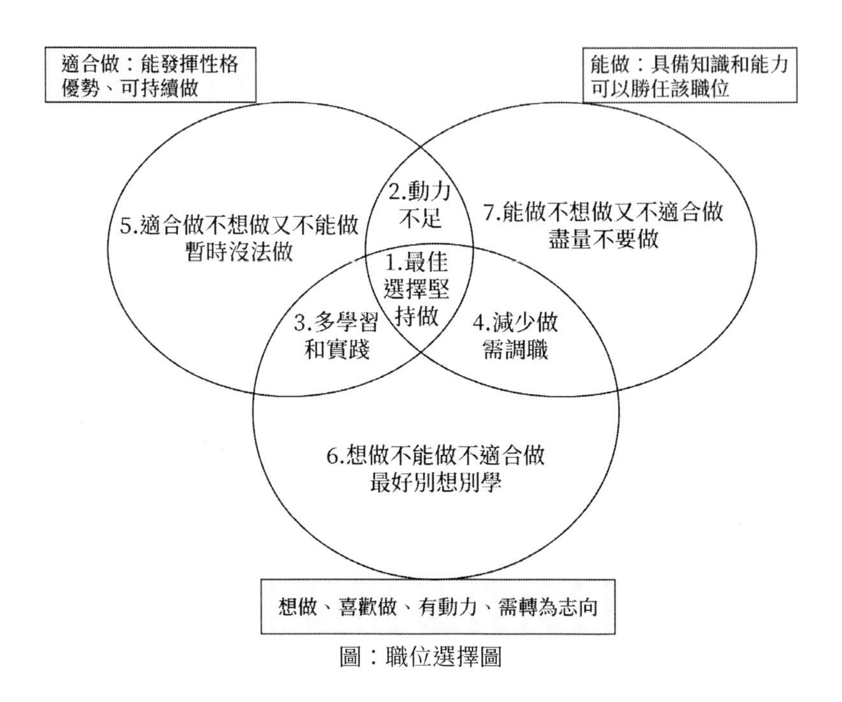

圖：職位選擇圖

如上圖所示，用三個橢圓形分別代表能做的、適合做的以及想做的。

三個橢圓形的交集就是你的「最佳選擇」——這個交集區剛好滿足既想做，又適合做，而且還能做。一旦我們有了最佳選擇你就需要堅持做。

大多數情況下，我們都很難有最佳選擇。如果沒有最佳選擇，你可以先做能做的——我們首先需要學會生存，然後再考慮適不適合做，最後考慮想不想做——如果一份職業你能做並適合做，只要你用心做就一定可以做好，所以你可以改變你的想法去適應。

正確對待你與工作的關係，讓工作像中毒一樣著迷

1. 愛職位才能敬業

找到了適合自己的職位，接下來便是正確處理你與工作的關係，讓自己愛上自己的職位，愛上工作，讓工作像中毒一樣著迷。

表：正確處理你與工作的關係

正確處理你與工作的關系	
類型	內容
你討厭所做的工作	你討厭的也許不是工作本身，例如父母沒有按照你自己的意願硬是安排給你的工作，你首先會從心理上去排斥這份工作，也許你討厭的只是父母的這種行為而不是工作本身，如果是這樣的情況，你應該靜下心來工作，也許你會喜歡這份工作。人與人之間也是如此，例如你聽了別人的評價說某某人怎麼怎麼不好，那麼你見到對方，你就會感覺不喜歡他、討厭他，其實只是某人的評價讓你對他產生了不好的印象。
你不討厭所做的工作	不討厭的工作有可能讓你喜歡，例如剛開始兩個不討厭的人在一起久了，也會日久生情。所以如果你有一份不討厭的工作，也可以去堅持——隨著自己的成長，也許你會喜歡上這份工作。
你喜歡所做的工作	就如你喜歡某個異性朋友，因為喜歡你就會開始追求對方，對他獻殷勤等，你在做這份工作的時候很開心、有熱情，不過，喜歡可能會是一種假象，例如幾乎所有的男人都喜歡美女一樣，你喜歡的可能只是她的美貌，而不是她本人，就像很多人喜歡高薪的工作，你喜歡的是錢而不一定是這個工作本身。
你熱愛所做的工作	為工作而痴迷：例如像那些偉大的科學家痴迷於科學研究一樣。當你愛一個人的時候，你就會主動為對方付出、無條件的付出，就如父母愛孩子一樣。

2. 正確換職位，才容易換成功。

我們無法保證整個職業生涯只從事一個工作，這其中還涉及到轉換職位的問題。

表：職業轉換的一個準備、兩個確定、三個原則

職業轉換的一個準備、兩個確定、三個原則	
一個準備	就是讓自己可以勝任目標職位。因為招聘方首先會看你能不能夠勝任這個職位。如果你現在還沒有能力去勝任這個職位，那你很難職業轉換成功——除非這個公司是你的親戚朋友創辦的。如果你沒有準備好，就要先按兵不動，先透過業餘時間去學習和實踐去準備好。只有你同時滿足了適合做和能做，才可以去職業轉換。
兩個確定	首先，確定目前的職位確實不適合或者目前這個職位已經做到頂了、沒有什麼發展空間。適不適合你——需要根據性格分析去判斷，最簡單的方法是你做這個工作的時候感覺很壓抑、非常不順心、總感覺不合拍等，那麼這個工作就不適合你；這個工作是否做到頂了，有兩個原因形成的，其一這個公司的發展速度太慢，以至於你需要更好地平臺去發展；其次，這個職位本身不能滿足你的發展需要，例如我剛畢業不久就在一個公司做採購，後來升為採購主管。但是再往上走就是公司的合夥人副總經理，另外，採購做熟了以後沒有什麼可學的了、沒有發展空間。所以我後來就裸辭了。
	確定你要選擇的職位適合你。如果你要選擇的職位不適合你，即不適合你長期發展，所以沒必要去換。
三個原則	一是先考慮在本公司內部職業轉換。 如果你目前這個職位不適合你，而公司內部有適合自己的職位，那麼我們的首選就是在公司內部去職業轉換。不過這裡需要注意，很多諮商者都容易犯一個錯——他們覺得目前的工作不適合自己、自己不喜歡，那就沒有必要認真做，所以就會在公司混。要知道混損失最大的不是公司而是你自己，你雖然可以混薪水，但是你失去的是青春年華、失去的是在工作中鍛鍊、成長的機會。
	二是不要輕易跨行業、跨區域職業轉換。 關於換行業和跨區域的風險和成本在本書的前面已經有說明。
	三是盡量不要裸辭。很多諮商的朋友在職業轉換之前喜歡裸辭，然後再去找工作，這樣的風險很大。

我曾遇到過這樣一個案例，並記錄到我的諮商日誌中：

她申請了 4 次轉換職位，為什麼都沒成功？

之前，有一位朋友找我諮商，她專科畢業，學的是會計，畢業 6 年——前 3 年不斷在跳槽，3 年裡換了 7 到 8 份工作，直到 2012 年，經朋友介紹，她進入了一個近 1,000 人的汽車公司做會計助理：她主要的工作是開開發票並做一些輔助性的工作。

因為家庭的原因 —— 她要供弟弟上學，所以她在這個公司堅持了 3 年多，現在弟弟已經畢業了，她終於可以鬆一口氣，她想辭職休整一段時間。

她找我諮商前，簡單跟我介紹了一下自己的情況 —— 我建議她暫時不要辭職，等諮商後再考慮。

也許是因為在一個公司待的時間有點長，而且做得不是自己太想做得工作，也許是太想放鬆一下，總之最後還是辭職了。

她在這個公司工作 3 年多，她跟公司申請了 4 次 —— 想去做會計，但是都沒有核准。為什麼呢？

我曾經做過一個總結 ——

表：企業內部調職需具備的 6 個條件

企業內部調職需具備的 6 個條件	
條件	內容
好的工作態度	如果你對目前的工作都不用心做，沒做好，你跟上司提出要調職，上司一般都不會輕易答應，說不定，還會因為你不用心工作而炒你魷魚。
清楚你想換到什麼職位	這個職位適合你嗎？只有換適合自己的工作崗位才有調職的必要；
換職位的基本能力	即可以基本勝任目標職位，所以調職之前，你需要先了解目標職位需要什麼基本條件，自己是否具備這些條件，如果不具備你需要利用業餘時間去做準備，當你準備好了再做調職申請；
不要讓目標職位部門的經理討厭你	如果對方討厭你，那對方就不會輕易接受你——除非他的上司給你安排；當然如果對方喜歡你，那要恭喜你。
你必須取得直接上司的信任	上司信任你才會去目標職位的部門經理那裡說好話——幫你調職。
有機會、有空位	如果你想換的目標職位，暫時不缺人，你就需要等待機會。這個時候你可以和人力資源多聯繫——這樣可以第一時間獲得機會。

結合上述案例諮商者的情況——她的工作態度一直很不錯，做事非常認真負責、細心也有耐性；她也清楚自己要去做會計，關鍵是她雖然是學會計的，但是她從來沒有做過會計——她也沒有到外面去做這方面的培訓，所以她目前還不具備做會計這個職位的能力，即她目前還不能勝任會計這個工作職位，所以下面三個條件即使都滿足，她也沒辦法在公司內部轉換成功。因為可以勝任目標工作職位是轉職或跳槽成功的基本條件。因為老闆聘請我們去工作，首先得可以用（除非是應屆畢業生，公司願意花時間來培養）。

她雖然跟公司申請了 4 次調職，因為不滿足基本條件，所以沒有調職成功是很正常的，如果她不提升自己的能力，即使再申請也不會有好結果。

當然如果她透過提升能力，再去申請，並滿足其他的一些基本條件，那麼調職就可以成功。

所以調職需要一個準備、兩個確定、三個原則。這樣我們就可以將調職風險降到最低！

迷途職返

選擇職位，你先要釐清自己能做什麼，然後再考慮想做或適合做什麼。你要在能做的基礎上求生存，在想做和適合做的基礎上求發展。

5. 好公司是你生涯征戰的供給站

在我們的職業生涯，通常都是從求職起步，即需要找公司合作開始職業生涯的征戰。所以我們都不是一個人在征戰。好公司是一個好的平臺，是我們征戰的堅強後盾，是我們生涯征戰的供給站。要選擇公司，我們需要先了解公司。

選擇好公司，職業才有好平臺

根據不同的側重點，公司可以有多種分類。

表：公司的常見類型

公司的常見類型		
劃分方式	類型	內容
根據資金結構劃分	外資公司	註冊資金全是外資，例如一些國外公司在國內全資註冊的分公司，例如 IBM、微軟在國內的分公司。
	中外合資公司	註冊資金是既有外資又有國內資本，例如東風日產就是中日合資公司，對於外資和中外合資公司，根據外資的來源不同可以進一步細分。例如資金來源於韓國，相對應的就是韓資公司或中韓合資公司。
	全內資公司	這是我們國家自己的公司，註冊資金屬於國家或私人的公司，全內資公司也可以進一步劃分——可分為國營公司、私人企業以及事業單位和政府部門。

<table>
<tr><td rowspan="3">根據公司業務的範圍劃分</td><td>外貿型公司</td><td>專門對國外做出口業務的公司，沿海城市有很多這樣的公司。</td></tr>
<tr><td>內貿型公司</td><td>只做國內的業務不涉及到國外的出口。</td></tr>
<tr><td>混合型公司</td><td>既做對外出口業務，同時也在國內做業務的公司。</td></tr>
<tr><td>根據公司規模劃分</td><td colspan="2">大型公司、中型公司和小型公司。
這個劃分對於不同行業、劃分標準也會不一樣。</td></tr>
<tr><td>根據法律形式劃分</td><td colspan="2">個體工商戶、有限責任公司等等。</td></tr>
</table>

為了便於我們選擇公司，我們還需要進一步了解不同公司類型的特點：

表：不同公司類型的特點

不同公司類型的特點		
公司類型	**特點**	**要點**
外資或中外合資公司	不管是外資還是中外合資公司，因為涉及到至少兩個國家的資金，也意味著涉及到兩個國家的人來參與管理，也意味著需要涉及到外語。外商的管理比較規範，崗位細分比較充分——職位職責比較明確。	所以你想進入外商或中外合資公司，你最好是要掌握相應的語言。例如是美資公司，你就需要精通英語——包括讀、寫、聽和說。
外貿型或者混合型公司	因為涉及到國外業務，所以會涉及到多種語言。相對與外資或中外合資公司，這種公司內部一般都是自己人，只是在與對外業務的時候需要用到外語。	所以你想進入外貿型或混合型公司做外貿業務，你也需要了解外語——重點是讀和寫，一般的外貿業務主要是透過電子郵件等網路進行溝通。但是最好掌握聽和說。因為有時時候也需要你和客戶直接進行電話或面對面的溝通。

國營公司和事業單位、政府部門	總體特點是這些公司都相對比較穩定，而且福利待遇都不錯，工作壓力相對較小——忙的時候可能很忙，閒的時候也會很閒。但是對於學歷有嚴格的要求，如果你是編外的，很難有出頭之日。另外，要升遷除了看你的學歷和能力之外，還需要有一定的關係或者你自己需要善於處理人際關係，不然也很難升職，另外升職機會都比較死——一般需要逐步提升，雖然現在有一些破格提升的案例，但是總體上都是慢慢地往上升。所以需要有耐心	如果你是正規的本科學歷（當然學歷高會更好），並且喜歡穩定、有一定的社會關係或者自己本人善於處理人際關系，那麼你就可以選擇進入這些事業單位。政府部門需要去考公務員。
私人企業	相對來說，私人企業更加實際、更加注重素質和能力。在管理上相對比較混亂，但是比較靈活、隨機應變的能力很強。中小公司的職位職責不是很清晰，所以在私企通常什麼都要幹。另外私企的平均壽命比較短（新創辦的公司平均壽命只有近3年），所以穩定性比較差。	對於學歷較低的，私企是最好的選擇。在職業初期，私企是最容易學到東西的地方。另外，對於想自己創業的朋友，建議先從私企開始工作。
大公司	待遇福利比較偏高並穩定，辦公環境比較好、職位職責明確、招聘要求比較高。	大公司大家都想進去，所以競爭非常激烈，如果你有實力、不想創業，那麼你可以盡量去進入大公司。
小公司	辦公環境比較差，職位職責不清晰、招聘重點考慮能用、待遇一般、福利較少。	如果你沒什麼競爭力，你就先進小公司。
總公司	規模較大，環境、資源都會比較好	盡量選擇在總公司工作。
分公司或辦事處	資源相對容易缺乏、環境偏差、規模偏小，尤其是辦事處，崗位也不清晰，容易一人多崗成為打雜的。	辦事處職業初期可以待一段時間，如果沒有晉升機會，最好是換工作。分公司得具體情況具體分析，有些分公司，例如外商分公司也很不錯。

上述表格可以幫助你選擇適合什麼類型的公司。

接下來便是選擇適合你的公司。

1. 什麼樣的公司是好公司？

好與不好都是相對的，需要根據不同規模的公司進行分析。

在培訓中我們經常會聽到：小公司看老闆；中型公司看管理；大型公司看公司文化。

也就是說，小公司要看老闆好不好、行不行；中型公司要看公司的管理是否制度化；大型公司要看公司的文化是否人性。

其實，不管是小公司還是大公司，老闆才是公司的魂 —— 中型公司的管理也是由老闆決定的；大型公司的文化也是源於老闆和整個管理團隊。所以選擇公司的關鍵點還是老闆。

那麼什麼樣的老闆才是好老闆呢？

評判一個人的標準是德才兼備，同樣的看一個老闆也需要結合品德和才能來評判 —— 老闆的品德是相同的，不過不同階段的老闆需要不同的能力；另外評判老闆還需要外加兩個評判標準，即老闆的的人脈和錢景。

表：評判公司老闆的標準

評判公司老闆的標準	
標準	方法
老闆的品德	好的品德有很多，我覺得老闆最重要的三個品德是誠信自律、寬容欣賞、積極進取——有了誠信和自律就容易被身邊的員工、客戶和股東信任；寬容他人的錯誤、接納他人的缺點欣賞他人的優點可以讓老闆和身邊的友好相處；積極進取可以帶領公司不斷做強做大。品德是一個人的根——根深蒂固、厚德載物。不管是老闆還是個人要想有所成就都必須要修身養性、培養自己的品德。
老闆的人脈	看曾經的學習經歷——畢業學校（當地名校畢業人脈會好，畢業時間越長人脈越穩固）、中途是否參加過高等教育（例如 MBA、總裁辦或高級管理培訓等），二看當前公司的業務關係——關係層次越高、關係越多越好；三是看老闆經常跟什麼人在一起。
老闆的錢景 (公司的前景)	看他當前公司的規模——通常規模越大越有錢（錢是一種重要資源，錢可以生錢）；二看公司所處在的行業——新興行業錢景好；三是看公司的盈利模式——就是透過什麼管道賺錢。通常一次性賺錢越多錢景越好，同一個客戶會反覆消費錢景也會越好。
老闆的能力	隨著公司規模的壯大，老闆的能力由具體向抽象轉化。例如小公司要求老闆的業務能力強——老闆是公司的第一業務員，隨著公司的擴大，老闆可以招聘好的業務員來為自己工作。這時候的關鍵能力是識人、育人、用人和留人的能力——需要很強的溝通能力，當公司進一步擴大，公司都可以不需要自己管理——這時候，最需要的是策略眼光和大眾說服力。

在上述標準中，品德是根基，有了好品德才會有好人脈；有了好人脈錢景自然不會差。能力在小公司非常重要，隨著公司的發展能力越來越抽象——即使沒什麼能力，他們有好的品德、人脈和錢，他們可以聘請有能力的人來做事。

2. 如何正確選公司？

選擇公司分為 5 個步驟。

表：選擇公司的 5 個步驟

選擇公司的 5 個步驟	
步驟	方法
透過行業圈定公司群	行業的本質其實就是公司群。所以當你確定了行業後，就清楚了要選擇的公司群。結合選定的工作地點，你就可以圈定所在地的公司群。公司群可能包含了以上各種類型的公司。例如你選定的行業是資訊產業、工作地點是北部。那麼在北部資訊產業內有很多種類型的公司。
透過排除法刪除不匹配的公司群	那麼具體到某一個人，就需要先了解這個人一些優勢。例如你對英語不熟練，那麼你就很難進外商；如果你剛畢業，大概也很難進入本地規模比較大的公司。所以在這裡做選擇首先需要用到「排除法」——排除那些不適合自己的公司。
選定潛在的目標公司	根據自己的情況列出選擇公司的標準——選擇什麼類型的公司，選擇多大規模的公司、選擇某個區域內的公司等。
了解目標公司	需要從以下幾個方面進行了解：公司屬於什麼行業、是什麼類型，公司的領導團隊，老闆或掌權人的性格，公司的組織架構(有多少部門，公司有幾個層次，如果你要去這個公司，你的直屬主管是誰，他是什麼性格類型。公司的規模——在同行當地處於什麼樣的地位，公司是做什麼的——公司盈利模式是怎樣的，公司的核心競爭力是什麼——在同行當地有什麼優勢和劣勢，如果用一句話介紹該公司會怎麼說。你對公司了解的越清楚，你在面試過程就會和面試官有更多的共同語言，面試成功的幾率越大。
確定目標公司	根據應聘職位去匹配招聘該職位的公司：就是要結合你的職位，看那些相關公司目前在招聘這樣的工作職位。因為你既然在找工作就需要盡快就職，雖然有些好公司也有相關職位，但是這些公司暫時不招聘——你可以先關注，以後有機會再跳。你沒有時間去等，因為你也不清楚他們何時才開始招聘，即使知道你也不一定可以聘上。

迷途職返

鳥兒清楚了方向才能勇敢飛翔。

當我們清楚了在什麼地方、什麼行業、要選擇什麼工作職位、什麼公司在應徵這個職位以及我們選擇公司的基本標準後。我們就可以圈定幾個目標公司進行相關準備。

6. 設定職業路標是征戰行動的開始！

當你立定了自己的志向，明確了屬於你的行業、城市、企業和職位，接下來你就該想一想，你的職業位置在哪裡？

不妨先來做個測試，請回答下表中的問題：

表：關於職業位置的測試題

關於職業位置的測試題	
問題	答案（請如實填寫）
你的志向是什麼（至少5年內的志向）？	
你準備在哪個行業去追逐你的志向？	
你準備在哪個城市去實現你的志向？	
為了實現你的志向，你現階段要做什麼職位未來的職位怎樣發展？	
為了實現你的志向，現階段要進怎樣的公司未來會怎樣發展？	
在你的現在和志向之間，你可以設定哪幾個職業路標？	這一點在後面繼續探討。

對於上表中的問題，你若無法給出清晰的答案，則說明你尚未找到自己的職業位置。

只有找準了自己的位置，才能確定未來的發展方向，定位扎根，遠離迷茫與失敗。

鎖定路標，現在上路

當你拿起地圖時，一般會最先找出你的目的地，然後明確自己當下處在什麼位置。再找出從當前位置到目的地有什麼路徑或方式。對於我們的職業生涯來說，也是如此。

首先你需要確定要到哪裡去，即目的地；其次你需要弄清楚 —— 自己目前處在什麼位置。

要鎖定自己的位置，你就需要結合城市、產業、公司和職位來探討。如下圖所示：

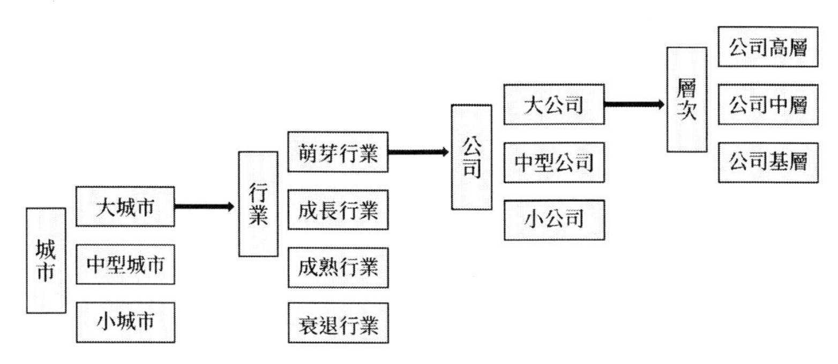

圖：發現自己所在的位置 1

例如，如果你目前所在的職位是小公司的基層，那麼你可以往小公司的中層或中大型公司的基層去發展。除了上述幾個要素外，你還可以從職業的不同階段來判斷自己職業所處的位置。

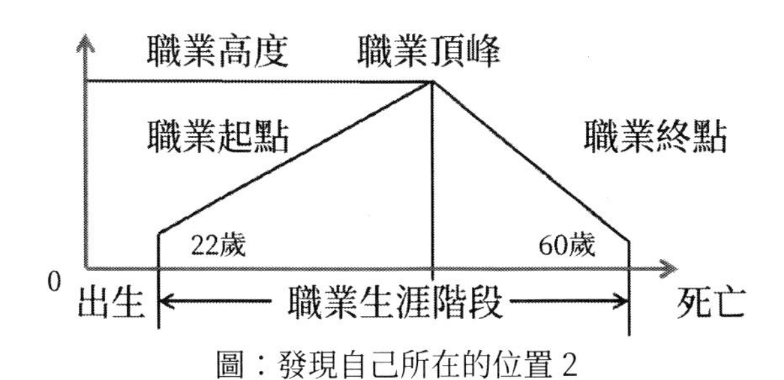

圖：發現自己所在的位置 2

如上圖所示，圖中職業生涯階段只是人生中的一部分，職業起點一般是在 22 歲左右，職業終點一般是在 60 歲左右（政府部門會不一樣）。所以，一般情況下一個人的職業生涯有近 40 年。職業起點和職業終點的高度不盡相同，職業生涯一般先會經過一個整體的上升階段（當然這個過程中會有起伏），然後會經過一個整體下降的階段（這個過程也會有波動）。職業頂峰是一個人在職業生涯階段所達到的最高職業高度。在事業單位內部，這個高度通常用權力、職位、收入等容易看到的結果來衡量 —— 權力越大、職位越高、收入越高，職業高度就越高。職業頂峰一般在 40 至 50 歲，當然每個人的起步不一樣，到達職業頂峰的年齡也會不盡相同 —— 有的人少年得志，有的人中年立業，有的人大器晚成。

那麼，究竟如何設定自己的職業路標呢？

下面透過一個具體的案例來分析，希望可以給你帶來一些啟發。

如下圖所示：

這是一個在首都長大、上學的諮商者。所以，他工作地點的選擇就非常簡單 —— 首都；因為他學的是電腦並去補習班進修了「軟體工程師」的培訓，且在 IT 產業工作過近 3 年。所以他的產業選擇也比較簡單 —— IT 產業，可以進一步定位於軟體產業；他雖然換過幾次工作，但是他的主要工作職位是「程式設計師、軟體工程師」。因此，他的職位也可以定下來 —— 軟體工程師。由於保密的需要，我沒有設計公司這一欄。所以不清楚他目前的公司規模有多大，他在的數據中說「公司環境不錯、收入不錯」 —— 可以初步判定，他目前所在的公司規模應該不會小。

1. 基本資料：

姓名	張**	性別	男	婚姻	未婚
出生	1983年	出生地	臺北	子女	無
性格測試結果			W(19) P(9) H(10) L(2)		

2. 教育培訓：只填寫大學以上學歷或最高學歷。

時間	學校	科系	為什麼選擇這個科系	獲得了什麼樣的結果
2001.9-2005.6	國立科大	計算機科學與技術	電腦行業就業面廣，對此專業有一定興題	沒學到什麼對以後工作有用的東西
2008-2009	教育訓練中心	軟體工程師	找工作	學到一些有用的，但都是皮毛？

2. 主要工作經歷：

時間	行業	工作地點	職位及職位職能	工作成果、收獲	當初選擇這份工作的目的	換工作的原因
2005.9-2006.3	IT	臺北	程式設計師	製作了2個網站	第一份工作，能找到就很高興	公司倒閉
2006.6-2006.9	保險	臺北	保險業務員	保單推銷，成績不怎麼樣	鍛鍊口才，希望變外向，鍛鍊銷售能力	覺得不適合做銷售，不知道怎麼跟顧客講話賣東西
2007.1-2007.12	遊戲	臺北	遊戲店店員	開始業績不錯，後來不行了	喜歡，工作內容可以接觸到喜歡的領域	顧客很少來買東西，不賺錢了。
2010.1-2010.7	IT	臺北	軟體工程師	維護開發好的軟體，做的還不錯	教育訓練中心介紹的工作	腦子裡開始胡思亂想，做出一些影響公司工作的行為
2010.7-2012.4	IT	臺北	軟體工程師	開發項目，做的一般吧	公司環境、收入不錯，離家近	未離職
2005.12-2006.6	直銷	臺北	兼職做直銷	有點收獲，不多	鍛鍊銷售及說話能力	說不清，感覺自己不想做這個。

圖：諮商者案例截圖

具體如何合理設定他的職業路標呢？

這個首先需要了解他目前的公司升遷制度，例如從軟體工程師到專案主管需要幾年升遷、做技術主管需要累積幾年、做技術經理需要累積多少年等，也可以了解一下產業內其他公司的升遷情況，這些資訊可以做參考、可以幫助他合理設定職業路標。當他了解清楚後，就可以設定幾個職業路標；然後就可以去朝下一個路標行動，當他達成一個路標後然後繼續向下一個路標前行……如果公司的發展約束了自己的發展就要選擇換公司。

定位是定現在，定向是定未來

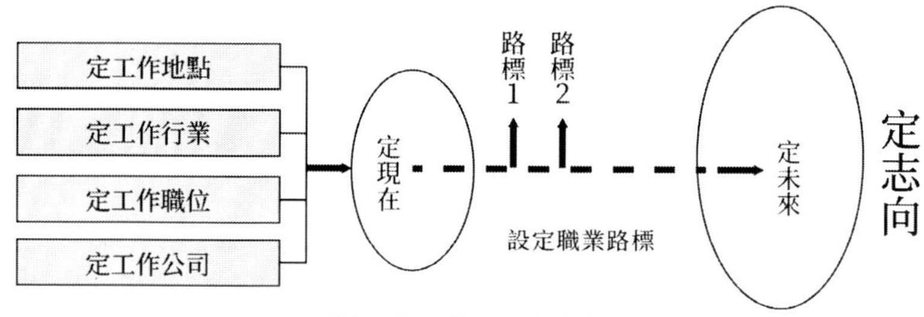

圖：定現在 VS 定未來

如上圖所示，定位就是定現在，主要包括本章前幾節討論過的定地點、定產業、定職位、定公司；定向就是定未來，主要是本章第二節討論的定志向。

設定職業路標就是在現在和未來之間設定職業目標（中長期的）和行動目標（短期的）。

表：設定職業路標四步走

設定職業路標四步走	
步驟	方法
了解職位需求	你可以根據相應職位的發展設定職業目標，前提是需要了解公司內部該職位是如何晉升的，行業內部該職位是如何發展的。
循序漸進設定目標	行動目標建議先設定 1 至 2 個路標比較實際，當你達成後再去設定下一個。當然你也可以設定多個——但在實際操作中沒有多大意義，因為路標 1 的達成決定路標 2 的實施。
描繪「職業路徑虛線」	未來之路是有方向的但職業路徑或路線是不確定的，沒法清晰描述出來。但是你可以設定各個路標，描繪自己的「職業路徑虛線」——具體的職業路徑不是設計出來的，而是我們「走」出來的（所以圖中路標與路標之間用的是虛線），在這過程中需要不斷調整。
確定最終目標	你的最終目標是實現我們的志向。當你的職業生涯結束時，你走過的路徑就是你真實的職業路徑——他不可能像圖中路線連起來那麼直，真實的路徑定是曲折的。

那麼，鎖定路標之後，如何從現在的位置去目的地？

職業生涯不像現實生活。例如你去首都，已經存在現有的路線、路徑，而且還有現成的地圖或 GPS 導航系統。你只需要設計路線、選擇路徑就可以到達目的地。

在職業生涯的過程中，沒有絕對現成的職業路徑或職業路線供你選擇 —— 別人的職業路徑只能僅供參考。另外，你也沒辦法詳細去設計自己未來的職業路線，因為未來是未知的而且隨時都會變化。

先看一個小故事：有一位馬拉松的世界冠軍，每次在比賽之前他會在馬拉松的路程中每 4 公里做一個路標，整個賽程 40 多公里，一共做了 10 個路標，他在比賽的過程中不是跟別人比賽而是跟自己比賽，他每經過一個路標，他就知道花了多長時間已經跑了多少路程、還剩多少路程、還需要多少時間，如果慢了或快了都可以馬上調整，只要他按照既定的節奏跑完全程，通常他都是世界冠軍，這就是世界冠軍的祕密。

一般來說，一個人的職業生涯有將近 40 年 —— 相當於一個職業馬拉松（所以職業生涯的成功並不是贏在起點而是贏在終點 —— 誰能堅持到終點，誰就能笑到最後）。我們不可能在現在設想未來的所有路徑，但是我們可以在把握宏觀的基礎上，去設定下一個職業路標，當你實現了這個路標，然後再設定下一個職業路標。這樣就會不斷靠近最終的目標。

對於多數人來說，只要自己不斷在進步、在成長，那麼他的職業就具備發展性，當然職業的發展還表現在外來的資源 —— 例如你的人脈越來越富，人脈的層次越來越高。另外，從自由度的角度來說，一個人的職業發展越好，自由度也會越高；從收入的角度來說，你的收入越來越高，也表明你的職業在不斷發展。

除此之外，想要評判自己的職業是否在不斷發展，以下幾個標準供參考：

表：判斷職業是否在發展的標準

判斷職業是否在發展的標準		
判斷	標準	方法
同一個工作職位上的發展性	能力、經驗是否在增加	在同一個工作職位上，你的工作能力和經驗不斷在增加，說明你在成長，你的職業也在發展，通常，同一個工作職位，只需要用心做，做得時間越長，在這個職位上累積的工作經驗會越豐富，工作能力也會越強。**不過，同一個工作職位幹得時間超過了某一個時間節點——你的能力和經驗會達到某個極限之後就很難繼續增加。這個時候，就需要透過換工作來發展職業。**
同一企業內的發展性	職位是否在不斷升遷或能否勝任多個職位	在同一個企業內，如果你的的職位在不斷升高，那說明你的職業在不斷發展。例如，在某個公司的某個部門從基層員工提升到主管再到部門經理，甚至升到副總、總經理，那說明你在不斷進步與發展：在同一個企業內，你可以勝任多個工作職位，說明你的工作能力和經驗也在不斷增加，你的職業在橫向發展。
同一個行業內的發展性	公司規模是否在擴大	在同一個行業內，如果你的職位不變，但是你所在公司的規模在不斷增大，說明你的職業也在發展例如，你剛畢業的時候，進入到某個行業的某個小公司做技術，隨著你經驗和能力的增加，你跳槽到後行的一個中型公司，然後再跳情到同行的大型公司，那麼說明你的職業也在不斷發展。
不同行業內的發展性	能否游刃有餘地轉換行業	在不同行業內，如果你從一個行業內某公司的中低層跳到另外一個發展性行業的中高層，那說明你的職業也在發展，以生涯規劃的角度來說，在職業初期不要輕易去換行業但是在一個人的職業發展至了一定的高度後，他可以突破行業的限制進行職業轉換。
從就業到創業的發展性	能否成功創業	以就業到創業並創業成功，說明你的職業有突破性的發展，創業成功的標準：一是盈利，剛開始創業通常都是虧損的，一但開始盈利，說明創業開始進入良性循環，這是創業成功的轉折點或基準點；二是持續盈利，剛開始盈利是創業的轉折點，持續盈利說明這個創業的盈利模式已經形成，企業只需要繼續按照這種模式去發展就會越來越好；三是在盈利的基礎上擴張、複製——例如開分店、開辦事處設分公司、搞加盟、上市等。

大家可以自己對照上表，判斷你的職業是不是在發展。

俗話說不進則退，如果身邊人的職業都在不斷發展，而你的職業原地踏步。那就說明你的職業不僅沒有發展，而且在相對後退。

可見，與時俱進、不斷發展才是硬道理。

掌控發展方向盤，未來在自己手中

找到你的職業位置後，最後一步就是要及時制定行動目標。

有了目標才能掌控方向，去往最終的目的地。

表：關於行動目標的設定與實施

關於行動目標的設定與實施	
問題	答案（請如實填寫）
你今年有哪三個行動目標？並按優先順序和時間先後排列	目標1： 目標2： 目標3：
你達成這三個目標的行動方案？	目標1的方案： 目標2的方案： 目標3的方案：

現在開始去實現人生的目標、志向，完成自己的使命，這就是一次遠行、一次征戰。

你的心是好的，你的世界就是好的。你可以不斷調整自己去你想去的地方。

「你的心在哪裡，你的成就就在哪裡。」

只是，你在行動的時候需要從兩個方面來掌控方向盤：

一是Follow Your Heart——跟從你的心，不可以偏離人生正道；另外，當你覺得無能為力的時候，也可以向你的內心去求，心靈之所以叫心靈，是因為心靈是有靈性的。有時候，你會突然聽到內心呼喊的聲音，這說明每個人本身是有靈性的，即神性。我個人覺得人是肉體和靈魂或精神的合一，人死的時候只是肉體的死亡，靈魂是不滅的。我們的潛能也來自靈性。靈性喜歡安靜、簡單、純粹。當你做某件事情心無旁騖、達到忘我的境界，就可以最大化地顯現靈性、激發潛能。

二是每天計劃、行動、總結，並調整計劃朝目標前行。

如下圖所示，這是達成目標的 5 大步驟圖。

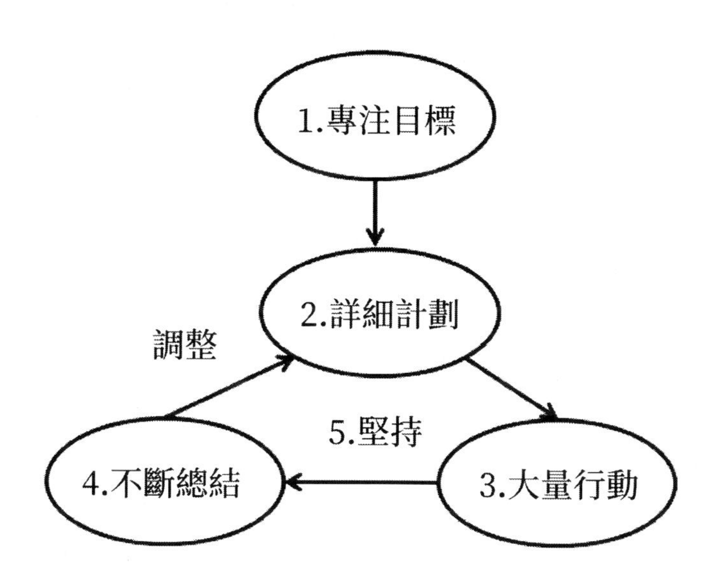

圖：達成目標的 5 個步驟

總之，要想真正遠離職業迷茫，不僅需要進行職業生涯規劃，還需要在設定目標的基礎上不斷去行動、總結、修正 —— 用行動去實現規劃，這樣你才能在漫漫職業生涯中真正揚帆遠航。

表：達成目標的 5 個步驟

達成目標的 5 個步驟	
步驟	內容
專注目標	設定行動目標需要符合你的人生目標、職業目標。一旦設定好了就要去專注，不要輕易更換，更不要頻繁換目標（除非發現自己的目標是錯誤的）。
詳細計劃	計劃就是目標細分和整合資源。計劃越詳細、執行越容易。
大量行動	大量行動有一個作用就是你可以看到結果，結果可以激勵你繼續行動。在人生的過程中真正能夠激勵自己繼續行動的是你做出來的結果，而不是來自外界的短暫刺激，你一旦離開了那樣的刺激，就又會成了沒氣的氣球。只有行動才能產生結果，只有大量的行動才能產生大量的結果；如果沒有行動，就不會有任何結果。
不斷總結	剛開始行動不一定正確、有效，你需要在行動的過程中不斷地總結——有效地行動要不斷地重複，行動效果不明顯需要如何調整，行動沒有效要盡量避免。通過總結先調整計劃然後再去行動，這樣行動就會越來越有效。
堅持（重複）	成功都是持續努力的結果。所以成功就是不斷地重複做簡單有效的事情。這樣就會從量變到質變、就會厚積薄發。

設定與達成目標

如下圖：設定目標是先有大目標（志向、夢想或理想），然後透過目標細分得到長期、中期、短期目標，再細分到月目標、周計劃和日計劃（即每天的行動安排）；而達成目標是從完成每天的計畫和任務，從而累積完成每週、每月的目標，月度目標累積達成季度目標、年度目標等。

總之，設定目標是由大到小；而達成目標是由小到大。人生首先需要有大的征戰的方向，然後透過每天小的征戰、奮鬥，一步一步朝著我們的終極目標去前行、去累積，最終我們才有可能完成人生的使命、達成人生的志向、實現人生的夢想。

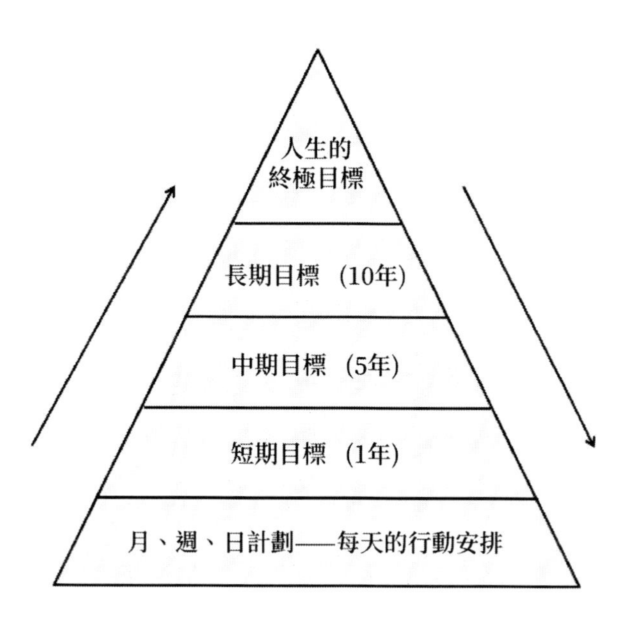

圖：設定與達成目標

迷途職返

不謀全域性者，不足謀一域。當我們透過 3+3 職業生涯規劃體系釐清了自己的志向以及產業和城市定位後，我們就可以從全域性來看自己的未來。當我們進一步釐清職位、公司定位以及透過現在和未來之間設定職業路標。我們就可以透過征戰不斷達成小目標去累積完成大目標，最後完成自己的使命達成自己的志向。

但是我們真實的職業生涯路徑需要靠我們用每天的行動去描繪。

再好的職業生涯規劃如果沒有行動去支撐，那只是一個美好的幻想。

Chapter3

準備征戰宣言

—— 在求職面試中崛起

《梅爾吉勃遜之英雄本色》，威廉·華勒斯在戰前有宣言；《巴霍巴利王》中，巴霍巴利對抗於自己數倍敵人的戰前也有宣言。我們在開始征戰之前也需要宣言 —— 透過精心的準備向這個世界宣告，我要開始職業生涯的征戰。

1. 漫漫求職面試路，想說愛你不容易

在職業生涯中，從學校進入社會的第一步就是求職面試。另外，在職業發展的過程中，因為需要做職業轉換，即需要經歷多次求職面試。

為求職面試做準備，規劃自己的未來，是你接下來要做的事情。

請思考：如果你是企業的老闆，自己會針對你應徵的職位聘用你嗎？

表：你會聘用自己嗎？

你會聘用自己嗎	
問題 1	你有什麼能力去勝任這份工作？
問題 2	你做這份工作和別人做有什麼不一樣的優勢？
問題 3	作為老闆的你，你願意為自己支付多少月薪？
問題 4	你會招聘一個對你公司和行業都不了解的人嗎？
問題 5	作為老闆，你希望應聘該職位需要什麼條件——你滿足這些條件嗎？

知己知彼才可能面試成功

了解自己，前面已有介紹，接下來我們主要來了解徵才方。

具體包括以下幾個方面：

▒ 1. 了解應徵公司

你越了解應徵公司，在面試過程中，你和徵才方的共同語言就會越多，面試成功的機率就越大。這一點請參考上一章第六節關於「如何正確選公司」。

▒ 2. 了解應徵人的想法

小型公司一般都是老闆親自面試 —— 相對來說比較容易。

下面主要探討一下中大型公司的應徵。中大型公司應徵一般涉及到兩個部門 —— 人力資源部和開缺用人部門（例如技術部需要用人，一般技術主管或經理會參與面試）。

因此，你在求職過程中至少需要通過兩關 —— 先通過人力資源部的篩選，然後獲得開缺部門的認可。

值得一提的是，開缺部門主要是關注你是否能用、是否好用，而不會太在意你的學歷、年齡和性別等。所以這一關比較難過，不是透過設計履歷就可以的。這關要過的關鍵是你自己曾經的工作態度和工作經歷讓你養成了什麼樣的工作習慣、累積了什麼樣的工作能力、經驗和資源決定的。

表：招聘方的關注點

<table>
<tr><th colspan="3">招聘方的關注點</th></tr>
<tr><th>招聘方</th><th colspan="2">關注內容</th></tr>
<tr><td rowspan="6">人力資源部</td><td rowspan="6">宏觀要求</td><td>年齡</td></tr>
<tr><td>學歷</td></tr>
<tr><td>工作年資</td></tr>
<tr><td>性別</td></tr>
<tr><td>薪水要求</td></tr>
<tr><td>求職態度</td></tr>
<tr><td rowspan="3">用人部門</td><td colspan="2">你曾經做過什麼、為什麼離職</td></tr>
<tr><td colspan="2">你具備什麼樣的基本技能、專業技能以及行業經驗和資源</td></tr>
<tr><td colspan="2">你來這個公司可以做什麼、你能夠聽從公司的安排嗎、你與部門的其他人員可以友好相處嗎？</td></tr>
</table>

總結來說，實際用人單位通常會關注以下 5 個問題的答案。

表：招聘方關注的問題

<table>
<tr><th colspan="2">招聘人的關注點</th></tr>
<tr><th>招聘方</th><th>關注內容</th></tr>
<tr><td>你為什麼來這裡？</td><td>即你為什麼來我們公司應聘而不是去別的公司。
這個問題一般都是人力資源部面試時提出來的，他們想了解我們公司是什麼地方吸引你來的，所以你需要事先了解所面試的公司，並準備合理的回答。</td></tr>
<tr><td>你能為我們做什麼？</td><td>如果公司招你來，你可以幫我們解決哪方面的問題，你有什麼擅長的技能，你有什麼樣的行業經驗以及確定你不會給公司帶來什麼麻煩。
這個問題，人力資源部和用人部門面試時都會提出來。人力資源部想透過這個問題從整體上了解你具備什麼樣的工作經驗；而用人部門想透過這個問題從工作本身來了解你是否可以勝任這個工作。</td></tr>
</table>

你是哪種類型的人？	你的性格是怎樣的，你有什麼優勢和缺點，是否能夠和公司的其他人友好相處，你是否認同我們公司的文化、理念？關於是否認同公司的文化和理念，這一般都是人資資源部問的，他們一是想了解你是否了解本公司的企業文化和理念，二是你個人的理念是否與企業的文化理念一致；關於與人相處的能力，人力資源關注的是你不會造成部門與部門之間的矛盾；用人部門更關心你是否能夠服從安排並與本部門的其他同事是否可以友好相處。
你覺得自己和其他的應聘者相比有什麼競爭優勢？	你有什麼好的工作習慣、工作態度？你是否願意早來晚走？你是否願意付出？你是否能夠勝任工作並比其他人做得更好？這個問題針對的是具體工作職位上是否具有競爭優勢提出來的，這是用人部門提出來的。用人部門招人是拿來用的——所以最關心的是是否能用、是否好用。如果招人用來培養的——那麼他們最關心的是面試者是否具有潛質、是否值得培養。
我們雇得起你嗎？	如果我們雇用你，你對薪水的要求是怎樣的？如果太高，超過了我們的預算，我們可能用不起你，或者說你是否覺得我們支付的薪水不如別的公司給的高？這個問題不是用人部門關心的，這是人力資源要問的——因為他們設計了薪酬體系，如果你的薪水要求太高、打破了這個體系，他們就不會用你或者做不了主，可能要請示主管。

透過上面的 5 個問題，徵才方其實是想了解 —— 如果聘用你，他們有什麼顧慮。

因此，你在面試的過程中需要盡可能地將對方的顧慮降到最低。

那麼，作為徵才方，他們會有哪些顧慮呢？

表：用人單位的顧慮

用人單位的顧慮	
招聘方的顧慮	具體內容
能否勝任	交待給你的工作，你做不了，你不能勝任這個工作職位。公司需要用你創造價值，而不是招一個沒用的人來養著。
能否聽話	你總是我行我素，不聽從安排、不尊敬上司、主管。招你來是需要你服從工作安排、尊敬上司和主管，這裡是公司、是有規矩的，你需遵守規矩。尤其是基層的員工，首先要學會服從、執行上司的安排。
能否分擔	你的工作態度有問題，叫你做什麼就做什麼，從來都不積極主動去為上司或同事分擔工作；公司招你來不是僅僅來聽使喚的，你是一個大活人需要積極主動和同事分享快樂、分擔責任。

能否共處	你不能和其他員工友好相處，總是還跟同事爭吵、引起同事矛盾。公司招你來不是讓你製造矛盾而是要與同事友好相處、要盡可能避免衝突。
能否加班	你總是遲到早退，從不願意加班，公司有一定的規章制度需要人人都去遵守，偶爾也需要加班。尤其是在私企。
能否忠誠	你來了沒多久，又想換工作。公司希望你長期做下去、要有忠誠度。
能否遵紀	擔心你將有辦公室戀情。公司招聘你來是工作的而不是來談情的，辦公室戀情會不僅會影響你自己的工作還會影響他人的工作。如果真的有情——可以在工作之餘談或者其中一方換個工作。
其它顧慮	如果你是女性，公司還會擔心，你是否將面臨談戀愛、結婚、生小孩等，總之，招聘方希望能夠將聘用你的風險降低最低。

針對用人單位的關注點和顧慮，你最好對以下兩方面進行自我調節：

1. 態度 VS 能力

在應徵過程中，面試官不僅會對你的能力進行評估，還會對你的態度進行評估。

例如你是否準時到達面試地點；你見到面試官時，是否恭敬、是否面帶微笑、是否有禮貌、是否等面試官請你坐再去坐，坐下時，你是否只坐位子的三分之一，你的身體是否稍微前傾並坐端正，手腳不要隨意亂動；面試過程中，你是否專注 —— 面試官說話時，你是否認真傾聽、經常有眼神的交流、適當的回應；回答提問，你是否自信而不是猶豫、你是否看對方的眼睛、說話是否禮貌、客氣等。

作為求職者，你雖然可以去挑選你想進入的公司，但是，大多數情況下，你都是被選擇，尤其是初入職場時。所以，你的態度很重要。如果你在面試的過程中，態度不好，那麼你面試成功的機率就會很小。如果有兩個能力差不多的人，那麼面試官就會選擇態度好的那一位。所以態度和你的能力一樣重要，千萬不要忽視你的求職態度。

2. 心態決定狀態

求職面試本身就是一個自我推銷的過程，有一句話說的好「推銷就是信心的傳遞、情緒的轉移」所以你一定要有個好的心態。

「求職」通常容易讓人理解是「求」人獲得工作。所以很多求職者的心態都帶有「求心」。

如果你有求心，那麼你就會覺得自己和對方不是在同一個平面上，而是會覺得對方高高在上。這樣，自己就很容易自卑。一個自卑的人很難獲得面試官的青睞、獲得面試成功。所以找工作面試要有一顆平常心 —— 找工作其實是一個雙向選擇的過程，面試不僅是對方了解你的過程，同時也是你了解對方的過程。最佳的選擇是彼此都很滿意，從而合作成功、達成雙贏。

總之，面試就要讓對方放心聘用你，從你出現在應徵現場的那一刻，你就在展示你自己 —— 讓對方對你有個良好的第一印象；在面試洽談的過程中，讓對方覺得你既可以勝任這份工作又不會增加對方的麻煩 —— 讓對方對你放心。在面試結束後，你需要有一顆感恩的心 —— 發一封感謝的郵件或簡訊，讓對方進一步記住你。最後，他們就可能會放心錄用你！

迷途職返

知己知彼百戰百勝。面試是一個雙方談判的過程，你想要獲得就業機會、發展的機會、希望獲得較高的收入、希望工作環境好、工作中的人際關係好處理；而徵才方想找一個既能用、好用又好相處的工作夥伴。如果你想在這個談判中獲得好的結果。那麼你事先需要做深入、全面的了解和調查。

2. 達摩克利斯之劍：應徵陷阱多

達摩克利斯之劍 —— The Sword of Damocles，中文意思是「懸頂之劍」，用來表示時刻存在的危險。

我常常奉勸走在求職路上的朋友，心中要時刻敲起警鐘，隨時有危機意識，才能「臨絕地而不衰」。

2016 年 10 月 31 日，新聞報導了一則消息：

連日來，近百名 IT 產業求職者向記者反應，一家總公司位於首都的應徵單位以「不符合應徵條件」為由，要求應徵者參加培訓機構的「集訓」，並向應徵者許下「集訓」結束後可獲得高薪職位的承諾，但最終高薪職位卻難以兌現。

很顯然，上述報導中的求職者陷入了「應徵陷阱」，在我看來，這背後反應出的是求職者的「捷徑心態」。

在社會流動不斷加速的當下，勞動力市場也面臨著激烈的競爭。一方面，求職者之間要比拚，那些擁有一技之長和突出綜合素養的求職者更容易得到用人單位的青睞；另一方面，用人單位之間也要較量，那些能夠提供較高薪酬待遇、較好的發展平臺、能夠讓員工「體面勞動」的應徵單位，更容易受到求職者的追捧。

很多騙局正是利用了求職者的「捷徑心理」，將求職者作為「唐僧肉」，應徵企業和培訓機構、借貸公司形成了利益合謀；應徵企業以高新職位為「誘餌」，一步一步將求職者捆綁在「應徵陷阱」裡。直到「夢醒十分」，這些求職者才發現「上了賊船」；可惜的是，騙子們早已盆滿缽滿。

可現實中卻偏偏有求職者接二連三地上當受騙，冷靜分析，原因有三：

1. 缺乏風險防範意識，貪圖好「錢景」與好「前景」

在人的不確定因素不斷增加的風險社會，一些求職者缺乏應有的警惕和風險防範。既有「錢景」又有「前景」的好工作，通常都會有很高的求職門檻；可是，「應徵陷阱」卻只要求只要大專以上學歷，不限科系和工作年限。這種打破常識的「好事」，又怎麼會輕易地降臨在求職者身上？

2.「掉餡餅」不常有，「挖陷阱」卻常見

天上掉餡餅很少有，地上「挖陷阱」卻很常見。在一個習慣用一段財富來衡量一段生活好壞的時代裡，高薪職位能夠給求職者帶來更有尊嚴的生活，讓他們擁有更多價值實現的成就感。高薪職位就像「香餑餑」，嚮往高薪職位的人們猶如過江之鯽；那些精明的商家善於利用「人性的弱點」，將「應徵陷阱」作為一門生意。

3. 精神世界的軟肋：讓我一步登天吧！

在社會中尋找自己的位置，是每一個求職者面臨的現實考題。不願意從底層做起，渴望一步登天；不喜歡待遇差的工作，追逐高薪職位 —— 在一個機會主義盛行的社會中，渴望事半功倍的「捷徑心態」，在一些年輕人心中潛滋暗長。求職者精神世界的「軟肋」，

被商家們精準捕捉到了；並不高明的「應徵陷阱」，一次又一次得逞。

對於求職者來說，如何不被「應徵陷阱」圍捕、捕獲呢？

我的建議是：

一方面，要提升風險防範意識，對超出常規的好事保持應有的警惕；另一方面，學會認清自我、進行清醒的自我除錯，願意在平凡的職位一步步實現人生突破。只有多管齊下，「應徵陷阱」才會缺乏生存空間。

自古套招不可信，虛假應徵全是坑

有人說，這是個充滿了「套招」的世界，讓人看不透、玩不轉。

據我總結，在應徵界，騙子的招式往往是內容華而不實，待遇過分誇張。

當你在應徵啟事中看到以下這些字眼，基本就能判斷出來這可能是則虛假應徵啟事。

■ 招式 1.「無學歷要求、無工作經驗要求、可直接入職」

每家公司用人都是有成本的，你也想用 15 元買到最甜最好吃的蘋果，難道老闆就不想以一定的薪水招到最高學歷、經驗最豐富的人？

■ 招式 2.「押金、培訓費、報名費、體檢費、填表費、服裝費」

任何應徵單位以任何理由收取費用的行為，都屬於非法行為。這時候最需要你保護好錢包裡的錢「一毛不拔」，要知道你找工作是來賺錢的，不是花錢的。

■ 招式 3.「高薪應徵」

如果一家公司的應徵啟事上用了「高薪應徵」四個字，且給出的薪資明顯高於同職位同產業的薪資水準，那你就要多小心了，到底是這家公司業績好，還是？

■ 招式 4.「本職位長期開缺」

一家公司是得有多缺人，才需要「長期開缺」？要麼是想騙你錢，要麼是想騙你勞動力，沒有第三。

■ 招式 5.「您已通過面試，請盡快入職」

看起來很正常的一條簡訊，可是……你都還沒有去面試就直接被錄取了？凡是不遵循約定俗成的「投履歷-篩選-通知面試」的應徵流程，可以直接忽略了。

■ 招式 6.「到捷運站之後我去接你」

曾經有朋友親身經歷這種情況！如果對方提出去接你，那麼這很可能是一個藏在某個偏僻角落的傳銷組織。

■ 招式 7.「急徵 100 名打字員」

一次招人過百，職位從總經理到屬下員工一線貫穿，除非是新開的公司，否則要麼是惡意炒作，要麼就是詐騙。

■ 招式 8.「跟單員、錄入員、公關人員、電話接線員、兼職翻譯」

這些往往是詐騙公司高頻率徵募的職位，如果想在業餘時間做些兼職，務必要先擦亮雙眼。

■ 招式 9. 貼在馬路邊、電線桿或市場的外牆

好歹現在也是網際網路社會了，電線桿上的應徵廣告卻依然頑強地活著，但是信了你就輸了。

■ 招式 10.「abcdefg@gmail.com/@yahoo.com.tw」

（此處無任何抹黑意圖）再小的企業都會有自己的信箱域名，一般和企業英文名相同。如果寄信給你的人用的是個人信箱地址，那就得三思了。

一份比較真實可靠的應徵資訊，至少應該有以下這些內容：

公司簡介：包括企業的性質、經營範圍等。

應徵職位：包括職位名稱，任職要求，對員工的要求，工作地點等。聯繫方式：包括聯繫電話，電子信箱，傳真，聯繫人等。

迷途職返

如果說應徵的初衷在於「招攬人才」的話，「應徵陷阱」的目標就在於「收斂錢財」。求職不易，擦亮雙眼未來的路才能走得更順、更遠！

3. 簡而有力的履歷才是你的機會之鑰

設計求職履歷是為了獲得更多求職面試的機會。

只要一斤鐵，不要半斤棉

如果讓你在一斤鐵和半斤棉花之間選擇更有分量的一個，相信大部分人都不會選錯。

而在準備履歷時，恐怕很多人都會選擇棉花而不是鐵。他們想當然地認為用人單位也會選擇棉花。因為棉花看似潔白、漂亮，且有一大堆，而一個小小的鐵塊看著難免寒酸許多。

殊不知，用人單位要的不只是體積大、漂亮，而是實實在在的分量。

履歷的核心作用是獲得面試機會，所以履歷一定要展現你的優勢，要有核心內容，讓人力資源部的人一看就有眼前一亮的感覺，有分量，而不是一堆華而不實的棉花 —— 很多求職者，把履歷設計成了一本書，而徵才方通常都沒空看就當廢紙丟棄在垃圾桶裡。一份有競爭優勢的履歷主要包括以下 5 個模組：

表：履歷的 5 大模組

履歷的 5 大模組	
模組	內容
釐清應聘的職位（姓名和手機）	人力資源部招聘通常都會同時招聘多種職位的人，所以他們收到履歷的第一步是根據不同的招聘職位對履歷進行分類。 優勢職位的第一模組就需要釐清應聘的職位——應聘職位必須唯一，如果你有多個求職意向需要設計多份履歷——如果你做了生涯規劃，那麼對你當下來說只有一個職位是最合適你的。（姓名和手機）放在第一模組是為了方便招聘方可以第一時間聯繫到你。
總結自己的優勢	如果你有工作經驗，你需要透過你的工作經歷去展現你上面總結的優勢——讓你的優勢是可信的。
用學習經歷體現優勢	學習經歷包括在校教育經歷以及畢業後的各種培訓、進修以及自學等。你需要透過自己的學習結果來展現你的優勢。
基本資料和聯系方式	例如姓名、性別、年齡、婚姻等
好的自傳促求職（附件）	自傳可以以附件的形式展現。好的自傳可以給招聘方留下好印象。求職履歷是透過梳理的框架，而自傳可以在框架的基礎上顯得有血有肉（注意，自傳不是簡歷的一部分，但是好的自傳可以配合履歷促進求職）。當然冗長無趣的個人自傳會適得其反——招聘方通常都不會有耐心看完超過兩頁的自傳（除非你的自傳非常精彩）。所以個人自傳盡量控制在1至2張紙內。自傳的內容可以包括: 家庭及成長背景、個人成長經歷（學習經歷、實踐經歷、工作經歷）、個人的生涯規劃和總結性的結束語。個人自傳也需要服務於求職——自傳要進一步體現和突出自己的優勢。如果你提供個人自傳，需要單獨起頁——不要連在履歷之後。

優勢履歷的模範

之前，有一位來自廣東的諮商者找我指導她如何設計履歷和面試。

我要她把之前的履歷和徵才方的要求傳給我。另外我要她自己去了解徵才方的情況（人力資源部是誰負責應徵，用人部門的負責人情況）。

我看了她傳給了我的履歷。這份履歷和很多求職者在網路上公開的履歷一樣 —— 基本格式都是，先是自己的基本資料，例如姓名、性別等，然後是自己的學歷、工作經歷……這樣的履歷 ——

除非你的工作經歷展現的經驗非常吻合應徵職位，否則都會石沉大海。所以，我給他設計了一個優勢履歷的模範 —— 有些內容是我給她歸納出來的，有些內容是自己完善的。

履歷具體包括以下 5 個模組：

1. 應徵的工作職位

銷售助理（姓名和手機）。

2. 做「銷售助理」的優勢

優勢可以是多方面的。

這個需要結合你自己的實際情況去總結，還需要根據應徵職位的條件進行設計。例如我給她總結了 5 大優勢。

表：做「銷售助理」的五大優勢

做「銷售助理」的五大優勢	
優勢	內容
經驗優勢	我有3年多的助理（含1年多的銷售助理)工作經驗，能夠熟練使用Word、Excel等辦公軟體並具有較強的文書寫作能力。（因為招聘條件是1年以上的工作經驗，並能夠熟悉使用相關軟件、具有較強的文書寫作能力）。
性格優勢	這展現她確實適合這個工作職位——因為在職位說明時，招聘廣告上面說了，主要工作是協助銷售經理與各個經銷商進行聯繫、處理相關事宜。 我的主性格熱情、有感染力、喜歡與人溝通——可以較容易贏得經銷商的認可，可以和經銷商直接保持很好的溝通，也可以透過電話溝通催款（熱情可以感染對方）； 我的輔助性格平和、順從、樂於傾聽——可以深入了解到經銷商的需求、建議，從而可以為經銷商提供周到的服務並和經銷商建立長期的合作關係； 我的總體性格是善於和人相處——對外，可以和經銷商維持很好的關係、讓他們始終成為我們的客戶，對內，我可以和生產部、人力資源部，財務等各個部門保持很好的合作關係、不會造成部門之間的矛盾； 而且我還是一個十足的團隊成員，我的積極樂觀可以帶動團隊的其他成員，我樂於配合和跟隨——是一個非常好的助手。 所以，我可以成為一個優秀的助理。

家庭優勢	我已結婚生子、家庭關係穩定，所以我可以在貴公司長期發展，不會因為個人感情、婚姻、生育等給公司帶來不利。另外，相對來說成家的人更可靠。（這可以減少對方的顧慮）。
外形優勢	身高160公分，行步方正，無外形缺陷，有自信，不容易讓人討厭。因為銷售助理的工作需要經常與人打交道，所以如果有這種優勢就可以寫上去，不過要注意，如果負責決策的人是你的同性，這種優勢最好不要寫上去，因為尤其是女性，你說你的外形比較好，對方通常都不會太舒服——女性容易對外形產生妒忌。
其他優勢	我在當地工作、生活近5年了並已安家——了解當地環境、熟悉當地交通，另外，我也樂於出去拜訪客戶——催款、收款。（這些有助於工作，如果你是一個外地人，不熟悉當地的環境和交通，會增加工作的負擔）

3. 工作經歷

工作經歷需要進一步鞏固「經驗優勢」。注意，工作經歷不可以太豐富，這位諮商者是典型的跳槽盲 —— 工作了 4 至 5 年，實際上換了 5 份工作，工作時間都沒有超過 1 年。所以這部分的內容，我沒辦法幫她設計。不過可以把工作經歷簡化為 2 個，延長工作時間。這也是我最擔心的地方。履歷可以設計 —— 盡量展現自己的優勢，盡量做到滴水不漏。但是具體你利用過去的工作經歷累積了多少工作的基本技能、職業技能以及行業經驗等。這些是沒法設計的，而且具體到複試、部門負責人、決策人透過具體溝通就知道你有多少斤兩、你的履歷有多少水分。

在這裡，需要注意，你的工作經歷一定要「合理」。

例如，這個諮商者起初的履歷中，說自己做過產品部經理助理和總經理助理。後來我要她改成 —— 產品助理和銷售助理。這樣就合理了，因為前面說自己是總經理助理，去應徵一個銷售助理 —— 這就不合理。另外徵才方一定會問換工作的原因。你一定需要事先準備如何回答才合情合理。

4. 教育經歷

這個比較簡單，主要是填寫自己的大學經歷和其他學習經歷，現在企業一般的應徵起步學歷都是大學專、本科學歷。

不過，有些民營企業對學歷不會太重視，尤其是銷售類的工作職位。

需要注意的是學歷不是越高越好。這需要和應徵的工作職位去匹配。如果你的學歷太高，而去應徵只需要低學歷的職位，通常對方都會把你刷掉。因為你與應徵職位不相稱。如果招你進來，你的收入和其他人收入差不多，但是你自己的心理會有波動。

另外、大家都是一個學歷，唯獨你是高學歷，這樣會影響你的融入……所以，學歷也需要和應徵的職位相匹配 —— 不能太高也不能太低。當然對於應屆畢業生，沒有工作經驗，所以教育經歷會顯得更重要。

5. 基本資料和聯繫方式

姓名、年齡、性別、婚姻狀況等。

電話、Line 等聯繫方式盡量顯目一些。

一般來說，徵才方看完你的履歷覺得適合的話就會和你聯繫。所以聯繫方式一定要正確並顯目。這樣對方可以第一時間和你聯繫。

第二天，她拿著我指導設計後的履歷，直接去了那間公司的人力資源部。

人力資源部很快就安排她和銷售部負責人及決策人面談。

正如我所擔心的，這個負責人根本不看履歷，要她複述自己的履歷。

不過，她的應變能力不錯。後來經過溝通，她覺得這個地方的待遇太低（一般 33,000 元，這裡只有 28,000 元），而且離她住的地方比較遠（她住在市區，那個公司比較偏遠）。

相比之下，另外在市區有個熟人一直要她去做銷售助理，底薪是 35,000 元。所以她決定選擇在市區工作。由於她之前的期望比較高，所以應徵後有點失望。

不過，她覺得我設計的履歷確實很有效（因為她之前在這個公司投過履歷，但是都沒有音訊，而這次僅僅憑藉兩頁履歷就獲得了直接複試的機會）。

最後，你可以把下面這份履歷範本儲存為自己的文件檔案並進行適當修改。

求職履歷

▩ **1. 求職職位：○○○○ 姓名：○○○ 手機：○○○○–○○○○○○**

▩ **2. 針對（求職職位）你有如下優勢：**

◆經驗優勢：

◆性格優勢：

◇

◇

◇

◆家庭優勢：

◆外形優勢：

◆其他優勢：

3. 我的工作經歷

—— 需要展現你的求職職位優勢：可補充

—— 不可以跳槽頻繁。

①

②

③

4. 我的學習經歷 —— 輔助求職：

①

②

5. 我的基本資料：

①、姓名：○○○ 性別：○○ 年齡：○○ 學歷：○○○○

②、婚姻：○○ 現居住地：○○○

③、聯繫手機：○○○○-○○○○○○ Line：○○○○

備註：個人自傳（附件）

迷途職返

履歷要吸引徵才方的眼球，好的履歷要有以下三大特點：

1. 要簡單，履歷顧名思義是簡單的經歷，所以履歷一兩頁就可以，不要太複雜 —— 太複雜，徵才方都沒有耐心看；如果加上個人自傳，不要超過 4 頁；
2. 清楚指出應徵職位 —— 而且應徵職位需要唯一（如果你有多個求職意向，就需要做多份履歷）；

3. 一定要突出自己相對於應徵職位的優勢。好的履歷猶如一張精緻的名片，徵才方只會記住那些能給他們留下深刻印象的名片——讓他們獲得面試機會。

4. 求職途徑依賴症：這是最好也是最壞的時代

在求職之前，如果你已經做好了求職定位、做好了履歷的設計，那麼接下來，我們就要弄清楚如何去找工作，透過什麼路徑去找工作。

多種求職途徑助你獲得面試機會

說到求職途徑，不得不說，我們現在所處的是最好的也是最壞的時代。好的是，科技的昌明，網際網路技術的普及讓求職有了更多的途徑，過程變得越來越簡單，這無疑給了求職者更多的機遇；壞的是，網際網路的開放性讓求職大軍如潮水般湧來，競爭加劇，這就要求我們在提升自身實力的同時，找到適合自己的求職途徑，才能事半功倍。

如果你正在求職，你需要去嘗試以下 6 種求職途徑：

表：6 個求職途徑

6 個求職途徑	
途徑 1	透過網路求職
途徑 2	透過徵才博覽會求職
途徑 3	透過仲介去求職
途徑 4	透過傳媒去求職

途徑5	透過轉介紹求職
途徑6	單刀直入的求職

具體來說：

1. 透過網際網路求職

隨著網際網路的應用普及，很多企業都會透過網路去應徵人才。

我曾經在一家軟體工作做專業經理人時，該公司就是和一個專業人力網合作，每年給對方支付15,000多元費用。這樣，公司就可以隨時在人力網上公告應徵資訊。公司透過收集應徵資訊，做初步的篩選，然後通知應徵者進行初試、複試。這樣，即使公司人員有流動，也不會影響公司的正常營運。

所以，求職者可以去專業的人才應徵網註冊，並免費發表自己的應徵資訊。

為了增加你求職成功的機率，你可以盡量多地去多家人力網註冊並發表資訊（你可以在搜尋引擎搜一下人力銀行，就可以搜到很多專業的人力網站）。

由於網路應徵的企業主要是一些比較好的企業，所以要求相對來說比較高。另外，透過網路求職的人很多。所以，透過網路求職成功率比較低，而且比較被動——一般情況，投履歷後，你只能等待。

另外，還有一些生活服務性的網站也會提供應徵資訊，你也可以在上面去發布求職履歷。

你可以先購買這方面的刊物，然後做初步篩選，再去投求職履歷或者直接與徵才單位聯繫（一般徵才方都會備註——只發履歷，謝絕上門)。因為徵才方只是透過徵才廣告收集求職者的數據,然後做篩選、通知求職者集中面試 —— 如果你冒昧地去上門,很容易被拒之門外。所以你投完履歷之後,還得等待。

5. 透過轉介紹求職

現在有很多公司都會透過內部員工推薦,或者透過其他熟人介紹招人。

透過熟人介紹 —— 一是比較可靠,二是成本很低(前面的透過網路徵才、透過徵才博覽會、透過仲介公司、發徵才廣告都需要支付一定的費用)。

所以如果求職目標是某公司,而你身邊有熟人在這個公司,或者有熟人和這個公司的內部人熟悉,那麼你就可以透過這種管道去求職 —— 讓這些熟人介紹我們去面試。

因為熟人引薦有一定的信賴度,只要你可以勝任相應的工作,一般都會被錄用,而且很快就可以就職。

例如,我畢業時的第一份工作,是我的系主任引薦的,我就直接去面試了,結果第二天就去上班了;我的伴侶現在的工作也是5年前她的一個熟人介紹的,也是很快就就職了。

所以,這種求職方式成功率比較高,而且不需要太多的等待。

需要注意的是,有很多透過熟人介紹找到工作的人,都容易犯一個錯誤,就是自己沒有求職方向,熟人介紹什麼工作,他們就去做什麼工作,結果自己做得很不開心。

所以,求職之前先要做職業定位。你需要根據自己的目標去找工作。

我們需要先有求職目標，然後才是找什麼樣的求職途徑去實現求職目標 —— 獲得求職成功。

▒ 6. 單刀直入的求職

如果你知道某公司在招人（徵才職位要適合我們），你可以拿著求職履歷直接去找徵才公司具體的決策人毛遂自薦，這種方式通常會獲得奇效。

因為毛遂自薦需要勇氣和自信，同時也表示你做事積極主動。

徵才方（尤其是老闆）都喜歡這樣的人。

剛畢業後不久，我直接找到一個電腦公司的老闆面試 —— 結果溝通了幾分鐘，他就決定讓我第二天去公司報到。

不過，這種方式一般只適合中小型的私人企業。

求職的途徑有這麼多種，也許你會問哪種最好呢？

求職途徑本身無所謂好壞，它只是一種途徑而已。

只是，每個人的性格、經驗和能力都不一樣，我們可以選擇適合自己的某一種或幾種途徑。

迷途職返

最好的途徑就是先要做好充分的準備 —— 做準確的求職定位，即你具體要找什麼樣的工作；還要設計好自己的履歷。然後根據自己的求職目標去搜尋 —— 在當地，在哪些行業、哪些公司有適合自己的應徵機會，選定幾個目標公司，然後運用所有的途徑去嘗試。這樣，求職成功的機會會很大。

5. 面試印象，這麼美那麼傷

整潔清爽的外貌不僅能贏得親友的青睞，還能吸引徵才方的目光，你的一言一行都會被對方看在眼裡，記在心中，這是考驗你的另一道關卡。

某次培訓課上，學員問起面試前要做哪些準備，我告訴他們：得選一套適合職場又能展現你氣質的衣服，想好要說的話，可以在家裡模擬面試的場景，猜想人資會提的問題等，當然，還得注意自己在面試過程中的行為，例如，將履歷遞給人資的時候用雙手、拖動椅子要輕拿輕放、走路不能發出過大的聲響、站如松坐如鐘……面試的過程中，對方關注的是細節，是你的精神狀態和心理狀態，如果徵才者想了解你，透過履歷就可以做到，何必這麼麻煩呢？

既然花時間進行面試，自有徵才者的道理，面試如同相親，你留給企業的第一印象好，你被錄用的機會就增加了許多。

你的形象需要設計

大家都說不要以貌取人，可是，大多數人都喜歡以貌取人。給徵才方留下好的第一印象非常重要。你的形象也需要進行設計。

你可以從如下幾個方面去準備。

表：形象設計的幾個方面（範例）

形象設計的幾個方面 (範例)	
示例	要點
你的頭髮是否在面試前洗過	男生的頭髮不可以太長，女生的長頭髮最好紮起來。
你的服裝是否職業、是否整潔	男生夏天最好穿乾淨整潔的襯衫、西褲，春秋冬盡量穿西裝打領帶，女生盡量穿職業套裙。
你的臉是否打理過	男生要刮鬍鬚，女生要適當化妝。
其他方面	你的鞋子是否擦過、你的手指甲是否修剪過、你是否保持口氣清晰......

總之，你要透過形象設計給面試官一個好的第一印象，這樣就會增加面試成功的機會，千萬不要讓面試官看到你第一眼就不喜歡你、討厭你。否則即使你能夠勝任工作職位，對方也不會給你機會 —— 面試官不會招募一個不喜歡的人、更不會招一個自己討厭的人。

那麼，為了這一次見面，你到底做好哪些準備呢？

1. 注重外形，增加職場氣質

試想一下，當你準備和心儀的對象約會，一定會花上好長時間選擇「行頭」，總希望給對方留下美好的印象。

面試前，你同樣應該為自己挑選一身合適的服裝，我的建議是：職場服裝應當簡潔、得體，不要過於休閒，也不能太花俏，最好讓對方一眼看出，你就是來工作的。

我們對一個人的認識，通常從對方的外形開始。例如，他蓬頭垢面，也沒刮鬍子，說明他沒有積極的生活態度，也非常懶散，如果看到一個非常精緻的姑娘，說明她很熱愛生活，也懂得打理自己。

徵才方也會分析你的穿著，從而判斷你的性格特徵。職場需要幹練的人，不要穿層次太多的衣服，會顯得很累贅。大方、優雅的打扮更容易受到對方的歡迎。

2. 斟酌每一句話、每一個動作，不輸在細節

徵才方對你的印象，不只包括外在形象，還包括很多小細節。例如，你的言行舉止也非常重要，當你與心愛的女孩約會，肯定要收起平時和兄弟們一起常說的髒字，要懂得體貼對方，例如，為她切好牛排、把椅子拉出來、為他開車門等等，這些細節都會被對方記在心裡，成為衡量你是否優秀的重要因素。

同理，在面試的過程中，你也應當斟酌自己所要說的話和每一個動作，進去後別大搖大擺地坐下來，而是先和各位面試官打招呼，得到允許後再坐下，說話得有條有理，別東一句西一句，弄得「聽眾們」一頭霧水。

當然，你的動作也會被人資們收入眼中，我就看到過不少求職者將椅子拖得「嘩嘩響」，走路時的腳步聲很重，在門口等候的時候大聲喧譁……這些都會影響你在徵才者心中的印象分。

迷途職返

細節往往就是決定成敗的關鍵，在面試之前思考清楚：你到底要以什麼樣的形象面對徵才者，千萬不要輸在細節。

6. 別讓人生中最美好的簽約敗給了感傷

如果前面幾步都進行得很順利，那麼，恭喜你很有可能順利與心儀的企業簽約。

簽約後，你不僅要主動投入新的工作環境，還要積極自我調節，以最好的心態迎接嶄新的時刻。

我曾接到一個諮商者的電話：「段老師，我都辭職兩個多月了，還沒找到工作。」接著，他開始和我說為什麼要辭職，又為什麼到現在還沒有上班……不外乎覺得之前的老闆太難溝通，薪水也低，想找一份環境比較輕鬆的工作，當然，薪水是絕不能比之前少的。

我建議他拓寬求職管道，資訊量大了，找工作自然容易得多。

大約兩週後，他去了某通訊公司上班，至於各方面條件，用他的話說是「還過得去」。

找到工作後，這位諮商者又開始糾結了，他跟我說：「秋文，我原本要上班了，心情應當是很好的，但是我因為特別矛盾，又被一個企業困住了，肯定還有比這份工作更好的差事，但是和我無緣了。」

我想，有這種念頭的人肯定不在少數，人性的弱點決定我們的心總是貪婪的，總會在擁有了一棵大樹後開始惦念整個森林，如果你的表現過於明顯，你的上司、同事很可能看得出來，這種消極情緒會影響對方，也影響你今後的工作。

掌握住現在，看得見未來

闖過求職面試關，順利簽約，可以說是一件幸運且幸福的事。

不必感傷失去，簽約意味新的開始。

你現在要做的是聚集正向能量，趕走一系列可能影響你今後工作的不良情緒。

1. 已選擇的企業就是現在「最好的」

簽約後的你很可能覺得自己被牢牢綁住了（而目前的工作似乎又不是最好／最心儀的一個），不能再選擇其他「大樹」。如果這種心態被徵才方知道了，對方肯定會特別生氣：「我的企業不好嗎？為什麼選擇了我還在留戀別人？」

其實，你也被這種情緒折磨得夠厲害，想要盡快累積正能量，你不妨將選擇的企業看成「最好的」。

多關注企業優勢，多看看讓你施展拳腳的舞臺，少關注薪水，多看看優質的環境，少計較嚴格的制度。就算眼前的企業不是最好／最心儀的，剛起步的你也應該沉澱下來，用心學習，給未來的自己充電。

2. 他人的議論都是浮雲

當你進入企業工作後，不免會聽到身邊人的議論：「哎，你們看他在這個公司上班，聽說薪水很少，根本比不上某某某上班的 B 企業。」

誰聽到這些話都會很難受，不僅因為自己的薪水不如別人，而且被人家當反面例子來比較，愛八卦的人處處有，用一顆平常心面對就可以了，別太在意，將更多目光盯著眼前的工作。

我想到一句歌詞：「就算世界與我為敵，我都會特別喜歡你！」不妨用這樣的心態面對工作，別人說你不好，我偏偏要在這裡做出成績，才是積極的工作態度。

其實，往往很多人都是在別人的議論下才產生「失去整片森林的傷感」，你不能把耳朵堵起來，也無法讓他們閉嘴，但是你可以掌控自己的心，將雜念煩惱拋到九霄雲外。

3. 規劃你的未來

愚者往往是從不安的現在看未來，而智者則是從未來（幾年後）看現在。

求職面試成功，並不意味著就可以駐足停留，停滯不前。

除了各種短期計劃外，你想過自己未來幾年甚至更長時間的規劃嗎？

以終為始，把幾年後你想要到達的那個點定下來，反過來思考現在要做的事情。

例如 2010 年至 2017 年，根據文化、社會、職業的發展，你可以寫下一些你關心的內容，或者一些關鍵詞。

2017 年的關鍵詞會是什麼？融合平臺化運作、物聯網開始發展……你會發現萬物都在變化，沒有永駐的事物。

有規劃意識的人會本能地把長短程計劃都安排好。

記住，你要麼囚禁在過去，要麼把握住現在。最好的選擇是從過去中吸收經驗教訓，把握好現在活在當下，同時還需要展望未來。

迷途職返

求職面試是每個人在生涯征戰的必經之路，只有透過自己精心的準備，才可以順利透過這一關，才可以開始人生職業生涯的征戰！

Chapter4

避免征戰途中的陷阱

——你看得再遠始終會有盲點，少走彎路才是贏

當你求職成功進入職場後，一定希望自己可以遠離職業盲點，更接近成功。

人生是漫長的，職業生涯也要經歷一段漫長的時光。每個人在職業生涯的不同階段，都會或多或少地遇到職業盲點。如若不能掃除盲點，很可能在後期走更多彎路，離成功漸行漸遠。

我結合多年的諮商實踐以及自己二十餘年的職業歷練，總結出了職業生涯不同階段的職業盲點。讓你在逐夢路上避免重蹈覆轍、讓你少走彎路，這樣就會更接近成功。

1. 職業前期，總有一些盲點令你恨自己沒有及早發現

在職業前期，因為閱歷的限度，所以會有很多盲點。首先是正確認知。

職業前期的正確認知

▩ 何為職業？

職業就是有收入的合法工作。

職業有兩個必要條件：一是要有收入（就業是企業主給收入，創業是自己給自己收入），二是要合法（所以正式工作都需要簽訂勞務合約）。只要缺少任何一個條件就不是職業。

例如，非法有收入的工作 —— 販毒、走私、綁架、搶劫、偷盜等不屬於職業；合法沒有收入的工作 —— 做義工、做家務、學生學習、免費諮商、自願在論壇回答問題、業餘寫作（寫日誌、發部落格、發臉書）等都不屬於職業範疇。

有些工作當下沒有收入，但是可以作為職業的前奏。

例如，雷殿生徒步十年的精神可嘉 —— 感動了很多人。但是徒步是一種旅行，是一種休閒。對於他來說是夢想。不過徒步的過程沒有產生收入而且還在不斷消費。雖然也有一些「收入」 —— 徒步途中獲得了很多人的捐贈。但雷殿生徒步十年不是職業。不過雷殿

生十年徒步對他未來的職業有非常積極地影響 —— 徒步十年後，他出版了《十年徒步中國》、《31 天穿越羅布泊》。所以雷殿生的徒步可以作為職業的前奏。

▒ 何為職業生涯規劃？

規是規律，劃是計劃 —— 規劃就是按照事情發展的規律去計劃。

職業生涯規劃就是根據職業發展的規律對職業生涯計劃。

▒ 職業生涯規劃要趁早 —— 越早越好

治療疾病的最高境界是治未病 —— 在疾病形成之前預防疾病。

職業也一樣，預防職業迷茫勝於遠離迷茫，儘早規劃可以預防迷茫。

很多人因為剛入社會，不清楚迷茫的痛苦，所以沒有意識到職業生涯規劃的重要性。等經歷過了、迷茫過了才知道 —— 職業生涯規劃是多麼的重要！

如果你高中畢業之前做了規劃，那麼你就會選對科系、學好專業 —— 為職業起步做好充分準備；如果你大學畢業之前做了規劃，那麼你就會有一個正確的職業起步；如果你從現在開始規劃，那麼你可以贏在轉捩點……如果你儘早規劃：

一是可以對你過去的職業進行職業診斷 —— 助你避免征戰途中的陷阱；二是對你現在的職業進行定位 —— 讓你清楚，你需要從什麼地方開始去征戰，即出發點；三是對你未來的職業進行定向 —— 讓你清楚要向哪裡去征戰，明確征戰的方向，即目的地；四是在你現在和未來之間可以設定征戰路標 —— 讓你進一步清楚征戰的路線。

這樣你就會朝著職業方向不斷前進。即使你的能力有限，但是只要有方向了，你每一天都可以朝目標更進一步。

有一句話說得好「有方向了，就不怕路遠」。

不要以為，等你職業出現困惑了、迷茫了找職業生涯規劃師就可以幫你解決你所有問題。

其實職業生涯規劃的關鍵是預防職業迷茫 —— 醫術的最高境界是防患於未然。如果你怕迷茫就要儘早規劃！不要拖，小病拖著拖著可能會成為不治之病！

人生有限，一步錯有可能導致步步錯。

例如，你科系選錯了，就有可能不好好上大學，那麼有可能影響正常畢業。當畢業了，因為沒有好好學，缺乏專業基礎、沒有就業資本，就業就困難。有的人這個時候，選擇先就業再擇業，結果想換職業的時候，徵才方首先看你的工作經驗，結果你不得不繼續先就業……這樣就會陷入惡性循環。

俗話說：好的開始是成功的一半。

合理的規劃可以使你贏在起點，讓你的職業生涯事半功倍；合理的職業生涯路 —— 第一步是第二步的墊腳石，第二步是第三步的墊腳石，以此類推，每一步都是在前一步的基礎上步步高升或前行（過程中也會有曲折和起伏，但是總體的趨勢是向前的）。這樣的職業生涯就容易透過不斷累積達到職業高峰。而沒有規劃會讓你到處亂闖 —— 盲目試錯、盲目跳槽，這會讓你最終撞得頭破血流、精疲力竭！

職業前期的錯誤認知

▩ 沒必要規劃或希望免費去規劃

沒必要規劃的人覺得一切順其自然、相信船到橋頭自然直，覺得世界變化太快 —— 計劃趕不上變化。

但事實上，如果你過去沒有規劃，那麼你現在混得一定不太好；如果你現在還不規劃，那麼你未來的生活也會不太好。

如果你總是想免費得到，這本身就是一種不良的不勞而獲心態 —— 如果你持續這樣的心態，你的人生未來不會變得更好，只會變得更差。

唯有透過自己的努力付出得到的，才會顯得有價值。

▩ 缺乏交換意識

具體表現為「我自己去摸索或不願意花錢去規劃」。這類人寧可自己去摸索也不願為自己的職業生涯花一分錢。

這是一種錯誤的認知。道理很簡單，我們自己不會織布、做衣服，我們就會花錢去買；自己生病了不會治療，就會花錢看病。難道因為自己不會就需要自己什麼都會嗎？更何況自己去探索如何做職業生涯規劃不是一兩天的事情。

我從涉足職業生涯規劃到做收費諮商，花了近 3 年的時間。我願意投入時間、精力和金錢。是因為我的志向是成為一名優秀的職業生涯規劃師。如果你沒有這樣的志向，自己去摸索，一是很難摸索出來，二是你沒有做正確的事情。

人的時間和生命都是有限的，我們只需要專注我們的職業方向、做與方向一致的事情。其他的事情都可以透過「交換」讓別人替我們解決。

我們生活在一個群體當中，我們不僅需要別人，別人也需要我們。我們只需要做好自己的核心工作、形成自己的核心職業能力。這樣經營人生的方式才是正確的、合理的。

你現在不願意花錢去規劃，那麼你就會像我〈自序〉中那位諮商者一樣損失很多錢 —— 而且還會浪費很多時間和精力。

◆過度規劃、希望一步到位

在諮商中經常會遇到一些完美主義者，他們希望我幫他們把職業生涯未來的幾十年都清晰地規劃出來。

松下幸之助在逝世前為松下（Panasonic）制定了 250 年的企業規劃，但實施規劃不到 5 年，就沒法繼續。因為即使成功者也沒法預知未來。

未來是變化的，而且我們自己也在不斷變化。做職業生涯規劃不要過於追求完美。從長遠來說，我們只要一個方向，即你的志向、理想或夢想。

更重要的是你要在把控方向的基礎上，去設定具體的目標，並在行動的過程中不斷去調整、總結。

著名教育家卡內基有一句至理名言：去解決近在眼前的挑戰、不要把眼光拋向最高的工作，而是拋向下一件事情。

所以沒必要規劃和過度規劃都是不合理的。

我們容易陷入的盲點

▒ 案例 1. 輕易放棄 VS 堅持到底的夢想

有一位諮商者，她自小就熱愛藝術，喜歡唱歌跳舞。現在 32 歲，但是一直在利用業餘時間練習音樂和舞蹈；她從小就一直夢想自己成為像蔡依林一樣的歌舞者！

國中的時候，她考進了少年合唱團，成了藝術團的成員，參加過電視臺的演出，也進錄音室錄過少兒合唱錄音帶。

國中期間，她僅學了 1 年鋼琴，考過了 4 級 —— 一般人學 5 至 6 年，可能才考過 5 級；大家都說這麼快考過了 4 級是個奇蹟。

在上大學的時候，她一直參加唱歌比賽、舞蹈表演，在學校內小有名氣……但是因為父母的堅決反對，她大學的志願沒有選擇藝術類的科系；被迫讀了口腔醫學。她說：「五年的實習對我來說是痛苦的，整天面對病人和手術，讓我更堅定了改行的決心。」但又是父母的堅持反對，讓她選擇進入了學院內部從事醫學雜誌的編輯工作；畢業後她曾經談過 3 次戀愛，每次都因為父母的強烈反對而放棄，最終透過一檔相親節目認識了現在的老公……因為過度壓抑，她內心排斥編輯工作，一直都想辭職。

但父母、老公都反對，於是悲劇發生了 —— 她在工作 6 年後得了憂鬱症！

雖然透過長時間的治療、調養和恢復，她目前已經好了，但是她現在的身體狀況很差，目前，她只是在做一些兼職。

暫且不論父母行為的對錯。作為成年人，應該有獨立的人格，該堅持的一定不要放棄。

記得前不久在電視節目中還看到過這樣一個例子。

有一位來自鄉下的孩子，他從小就熱愛畫畫，但是父母一直反對。因為家裡條件差，他高中畢業後去建築工地做苦力活，但是他從來都沒有放棄自己的夢想，一直利用業餘時間畫畫（他從來沒有去找人學過畫畫）。於是他帶著自己的夢想來到了節目 —— 他的夢想是去世界四大美術學院之一的俄羅斯列賓美術學院（The Imperial Academy of Arts）學畫畫。

沒有人知道他最終會不會去俄羅斯學習，但是在節目現場，有一位來自國家美術學院的系主任現場看了他的畫之後，主動願意收他為徒！

另外，節目組幫助他把父母接到現場，父母終於表示支持兒子學畫畫。這位年僅 20 歲的小夥子是很多年輕人的榜樣 —— 在父母的反對中堅持自己，堅持夢想！

我相信，他的夢想一定會實現！

▩ 案例 2. 殘酷的現實：小語種科系易受限

有位諮商者的情況比較特殊，高中讀了 5 年，大學又讀了 5 年 —— 大專讀了 2 年，又去韓國讀了 3 年。她選的科系是國際貿易，但她大學期間基本都是玩過來的 —— 沒學到什麼。普通人基本是 22 歲畢業，而她一畢業就 26 歲了。

值得慶幸的是，她在韓國讀書三年，韓語還不錯，相當於學了一門外語 —— 不過韓語是個小語種。

僅僅會一門小語種，要想在職業上取得大的發展是很難的，因為語言本身只是交流的工具，對職業起輔助作用。

如果直接從事和語種有關的工作，例如做翻譯或老師，因為語種小，市場小，職業發展的空間也很有限。

所以，如果你是學語言科系的（尤其是小語種），最好選修一門別的專業。這樣，你可以把語言和其他專業結合起來。這樣你的職業更容易發展。當然選修的科系也需要和這個語種有相關性（具體如何選擇需要根據自己的情況進行個性化的分析）。

我還建議，不要選擇小語種作為自己的主修，而應該做輔系。而具體是否要選修小語種及選修什麼小語種科系，需要根據自己的職業發展方向去選擇。

例如，你想去韓國留學或移民韓國，你就可以選修韓語。如果你在國內發展，如果僅僅會小語種，例如會韓語，因為市場小、需求小，職業發展就會受限。

例如這位諮商者，她對韓國彩妝非常感興趣，她想直接進入韓資或合資的相關企業 —— 但是她在國內沒找到有這樣的企業。

另外，即使你選擇的是英語科系，如果你不是去做與語言直接相關的職業 —— 例如做翻譯或教學等，也建議你選修一門別的專業。這樣你可以結合英語專業和你的選修專業進入外商公司。如果僅僅會英語，進入外商公司就會缺乏專業基礎。

■ 案例 3. 過於依賴他人

有一位諮商者，他本科畢業，覺得學校不行就選擇了考研究所，報考他哥哥就讀的學校，研究生指導老師是他哥哥的導師 —— 他自己說他哥哥跟這個導師關係比較熟就跟了這個導師，導致他研究生科系與他本科沒什麼關係。不僅如此，他自己還不喜歡這個科系。他學的是資訊管理、導師偏向程式設計，結果卻一直到混到了研究所畢業 —— 這期間他竟然沒編過一個程式。

因為在北部讀書，畢業後，父母幫他在北部找了一個做管理培訓的公司做服務類的工作。工作了一段時間後，覺得沒什麼成長。剛好父輩在家鄉創業，於是他從北部回到家鄉幫助父輩創業 —— 做了 1 年多生產管理，父輩創業的公司目前在等融資、沒什麼事做。家裡人又幫他找了一個招商的工作在做……專業學了 7 年，工作了 2 年，他現在已經 27 歲了 —— 從來沒自己正經八百的找過一份工作。

在諮商中，他還指望我幫他選定行業。

我的回覆是：「我可以幫你分析和建議。最終則需要你自己做選擇，人生是你的，你需要自己做決定。」

在我看來，這位諮商者現在還沒有斷奶。

在我做諮商的幾年裡，我自己設計了一份諮商數據 —— 「了解你的經歷」。在工作經歷當中有一欄「為什麼選擇這份工作」。

很多諮商者都填寫類似的一些答案 —— 父母找的、朋友介紹、父母安排的、學校介紹的……反正不是他們自己主動選擇的。

這些諮商者，他們目前也還沒有真正斷奶。

人生是自己的且只有一次

人生只有一次，最終我們都需要為自己的人生負責 —— 父母不能負責、朋友不能負責、老闆不能負責、其他任何人都不能為你負責。

人生是你自己的，你需要為你自己的人生負責。

我非常喜歡一句話：「主動選擇是一種豪氣、一種責任、一種高層次的寧靜，這種人生才是真正活過的人生。」

我們沒辦法選擇出生，但是我們可以主動選擇自己的人生。

我們沒辦法改變手中抓到的牌，但是我們可以主動選擇如何出牌。

我們主動選擇幸福生活，幸福就會相隨；我們被動選擇痛苦活著，痛苦就會相伴。

我們不要被動承受生活的慣性而隨波逐流、也不要成為一顆棋子任由別人擺布。

因為人生的遙控器在我們的手心。我們要主動選擇讓生命更完美、讓人生更精彩。

真正斷奶的時候就是你開始主動選擇、主動掌控自己人生的那一刻。如果你還在被動等待、被動接受或承受、被動選擇，那麼你就要好好想想 —— 你準備何時斷奶、遠離盲點？

迷途職返

職業前期需要你全面去準備，這樣你的職業起步才會有一個很好的基礎，即你可以贏在起跑點上。

2. 剛起步走了這麼多彎路，你還想成功？

剛起步就陷入職業盲點，成功就越來越難。接下來你要做的就是：掃盲。本節我們就來具體談談如何掃除那些阻礙你發展的盲點。

好的開始是成功的一半，少走彎路更接近成功

▒ 盲點 1. 賺錢是第一目標

掃盲：不要把賺錢當成第一目標。

每個人都清楚工作的目的不只是賺錢，但因為職業起步的時候很缺錢，所以你選擇職業的時候往往卻特別看重錢。

接下來，我給大家分享 3 個諮商案例：

為了錢，他遠在他鄉。

有位諮商者在孟加拉工作，他學的是英語，本科畢業後覺得當地薪資水準太低，他就去了北部，並且主動要求去國外做業務——因為國外的起薪高。

其實，他也知道自己的親人、朋友等基本上都在老家，自己遲早要回老家，也一直想回來。但是，他猶豫不決的是回來後，薪資會落差很大，另外，他想在外地再工作幾年累積購房頭期款，然後再回老家。

為了錢，他深陷困境。

有一位諮商者之前畢業即就業，職位也適合自己。但他覺得收入太低，就去了南部。結果名義上是做健康食品業務，其實是做非法集資。但收入還算不錯 —— 2 至 3 年存了近百萬。

不過，他覺得公司不行就撤出來了。因為做非法集資沒有提升職業競爭力而有損自己 —— 非法集資要想賺到錢必須得讓其他人投錢，通常像非法傳銷一樣騙親戚朋友的錢，自己雖賺到一些錢，但虧欠了親戚朋友。而之前的職業技能中斷了 2 至 3 年。導致他現在非常困惑 —— 用他自己的話說，都不想活了。

為了錢，他放棄了愛好。

他喜歡攝影、大學學的是攝影，畢業後也是在做攝影相關的工作 —— 但是，他看到他的同學都混得比他好（主要是薪資比他高）。結果他放棄了興趣愛好，選擇了薪資更高的工作 —— 剛開始，薪資確實比他做攝影時的薪資高。但是數年後薪資沒多大提升，更要命的是不喜歡目前的工作 —— 輾轉 4 至 5 年，換了好幾次工作。諮商後，很慶幸的是，他又重新回到他喜歡的攝影行業。如果當初在攝影行業去累積 4 至 5 年。我相信他的收入會比現在高很多，更重要的是 —— 他會快樂工作、享受工作的過程。

上面只是我諮商中的幾個案例。

在現實生活中，還有很多為錢工作的人。

例如，當官的為了貪汙金錢導致自己坐牢；貪財的為了錢去走私、販毒、搶劫等導致自己蹲監獄，有的人為了賺錢忙得顧不上家 —— 自己成功了，孩子卻沉淪了、家庭破裂了；有的人為了錢拚命工作結果身患絕症；還有的為了錢出賣自己的朋友……盡量選擇薪資高的工作或有賺錢的欲望本身沒有錯，但如果把賺錢作為工作的唯一目的，那真的錯了。如果出發點錯了，即使你透過努力工作擁有了很多錢，也不會感到心安、也會覺得沒有意義。

那麼工作與錢之間是什麼樣的關係呢？

曾經在雜誌上看到大企業董事長說的一段話：我研究過很多賺了錢的人——發現賺錢最多的人實際上是追求理想、順便賺錢的人。但他們順便賺得錢比那些追求金錢、順便探討理想的人賺得要多很多！所以我們千萬不要僅僅為了錢去工作，而要為理想、志向去工作。這樣我們不僅可以賺到錢、還可以賺到快樂和充實。

在我看來，錢是追求理想的獎賞，工作和錢是過程和結果的關係。沒有過程就沒有結果，即不工作就不會有收入。例如，家庭主婦和失業的人。所以你要想透過工作獲得更多錢的前提就是要把工作做得更好、產生更好的結果。另外，工作的結果除了錢，還有職位的升遷、自身學養和能力的提升、人際關係的改善、工作環境的改變等。所以，錢只是工作的目的之一而不是工作的全部。

■ 盲點 2. 工作就是為了賺錢、混日子

掃盲：工作的真正目的有兩個層面。

請思考下面幾個問題。

工作的真正目的主要包含了兩個層面：

一是從自身來說，不可以一直不工作——我們需要工作來展現自己的價值，證明自己的存在感、證明自己是有用的；二是透過工作去獲得某種結果——例如能力、金錢、權力和地位等。

獲取這種結果的最終目的是為了生活更美好——不僅是讓自己過得更好，還要讓家人過得更好，如果你有實力，還要讓身邊的其他人過得更好或者說讓這個社會更好。

對於個人來說，不要因為工作讓自己的心靈不得安寧；不要因為工作損害自己的健康；不要因為工作而忘記了成長自己，不要因為工作傷害身邊的人利益；不要因為工作而忽略了家庭和孩子的教育等。

表：思考題 —— 工作的目的到底是什麼

思考題——工作的目的到底是什麼	
問題	分析
如果你很有錢，你還會選擇工作嗎？	絕大多數答案是：如果我很有錢，我就不用再這麼辛苦工作了！
如果你不工作，你會選擇怎樣過日子？	每個人的結果都會不盡相同。大部分人的答案是工作還是要做，只是不想做得那麼累，不希望被迫去做一些自己不想做得事情，不喜歡被約束或者不希望只是為錢工作。
如果讓你從今天開始休息，你會覺得怎麼樣？	大部分人的答案是覺得很不錯——終於可以好好休息一下，可以去旅遊，可以享受親子時光，可以做自己想做的事情。
如果讓你從今天開始到生命的結束都不工作，你會覺得怎麼樣？	幾乎所有的答案覺得不好：覺得一直不工作會和社會脫節，覺得自己的價值無法體現，會覺得自己沒有用。

▒ 盲點 3. 養不活自己 —— 可恥

掃盲：就算不把賺錢放在第一目標，也不能繼續啃老。雖然我們不要把賺錢放在第一目標，但是不努力賺錢養活自己是可恥的。

曾經看到一個新聞 —— 一名博士生，剛畢業開始找工作時高不成低不就，後來乾脆不找了，整天無所事事，在家啃老數年。

一個獨立的人首先要學會經濟獨立 —— 靠自己去養活自己，不要成為身邊人的負擔。

如果一個人成年了還要靠父母養著、還要找身邊的人要。說句不好聽的，這樣的人還不如一個乞丐 —— 乞丐是靠自己的辛苦乞討養活自己。所以一個人該工作的時候，一定要走出去工作。透過工作養活自己，展現價值。另外，如果你連自己都養不活，你以後如何去贍養你的父母、養育你的孩子？

盲點 4. 放棄科系選職業 —— 浪費

掃盲：不要放棄自己的科系專業去找工作。

據統計，有近 20%的大學畢業生放棄了自己的專業去找工作，可能的原因有不喜歡自己的科系，沒有學好自己的專業。

其實，科系和職業之間不是一對一的對應關係，科系是和產業有對應關係，一般是一對一或一對多的關係。而任何一個產業都包含了很多企業，並且每個企業都可以提供多個職業。所以即使你不喜歡自己的科系，你也可以在相應的產業裡找到適合自己的、喜歡的職業。

盲點 5. 先就業後擇業 —— 陷阱

掃盲：千萬不能先找個工作再說。

前些年，由於就業壓力大，便有大學畢業生「先就業再擇業」的倡導！

有一位來自北部的諮商者也響應了「先就業後擇業」的號召。畢業的時候，找工作沒有方向，她想先找個工作再說。於是她就找了一個門市服務的工作（這份工作和她的專業沒有相關性，也不是她喜歡的。透過我的職業診斷，她也不適合做這份工作）。雖然她堅持做了幾個月。年前還是辭職了。

她感覺很迷茫，覺得「先就了業，也不好擇業」。

她還是比較智慧，開始反思——如果再找不到適合自己的職業，也許會更迷茫。

於是透過網路找到了我並很快做了要諮商的決定。

她簽約後用了不到一天的時間就填完了「諮商的數據」——這是我透過幾百個諮商案例總結和設計出的一套諮商數據。第二天我進行了全面、深入的分析並約定了諮商時間（因為她急著找工作）——第三天上午諮商了 3 個多小時，晚上諮商了 2 個多小時。我幫她系統性地做了職業診斷、職業定位、職業定向的分析和指導。

相對來說，這位諮商者，她剛剛畢業不到一年，而且她有自己的興趣愛好並培養了相應的職業能力，而且她的興趣剛好和專業也有點相關性。所以要做職業轉換還很容易。

我在諮商中，遇到有的朋友，先就業再擇業——越走越迷茫。這是為什麼呢？

因為職業生涯的發展是一步一個臺階。

你第一步走錯了，有可能導致步步錯。

我曾經遇到一位不適合做業務的諮商者，大學也沒好好學。找工作的時候也是「亂槍打鳥」。

相對來說，做業務的門檻比較低，於是，他進入了一個公司做業務。做了近一年，銷售業績很一般，於是他去了另一個城市找工作。結果因為他只有做業務的經驗——在外地找工作的壓力也比較大。於是又開始做業務。這樣又做了一年多。感覺越來越迷茫。

也許你會想——他可以選擇換一個工作。這個想法很好，但是徵才方招募非應屆畢業，首先會看他曾經做過什麼，有什麼職業能力和經驗。如果應徵新手 —— 徵才方首選是招募應屆畢業生。所以要想換工作即重新擇業非常困難！

盲點 6. 初入職場太心急

掃盲：成長需要時間，給自己一點時間。

有一位諮商者，工作近 2 年，換過 3 份工作，每次都是主動辭職。

最近一次在一個世界 500 大的公司工作了一年半，老闆很欣賞他，在開會中幾次說要提拔他。但是後來因為公司的合併部門重組，他被調到另一個地方了，一切都是新的覺得很陌生，看公司沒提拔的意思，他就辭職了！

我在諮商中問他 —— 你們公司，從入職到做管理，平均需要多長時間？他說 3 年左右 —— 可是他只做了 1 年半，另外他個人的職業理想是做專業經理人。有野心的人都希望做管理，可是做管理需要具備能力和實力，當然也需要經過時間的沉澱。

他離開這個公司，到另外一個公司，再工作 1 年半，猜想也很難做管理。如果他不辭職，我相信他 1 年半後肯定可以做管理（一是他有做管理的意願，二是 3 年的累積，他會具備一定的管理能力，而且他只做了 1 年半，老闆就很器重他）。

另外，我在諮商過程中發現，有一些大學畢業生，他們學的是管理方面的專業，他們一畢業就想做管理。

試想一下，如果你是企業老闆，你會讓一個沒有工作經驗的畢業生做管理嗎？當然不會。

所以，在職業初期，你要放下自己、讓自己從最基礎的工作開始，讓自己在實踐中去累積經驗、沉澱智慧。當你不斷地累積和沉澱，你就可以獲得全方位的成長，當你成長到「不可替代」或者「很難替代」的時候。那麼你就可以獲得成功。

▒ 盲點 7. 沒有規劃亂動 —— 浮躁

掃盲：提前規劃、儘早規劃，少浪費時間。

有一位諮商者，他大學畢業後，工作近 1 年換了 4 份工作、涉及到 4 個產業，而且做得是不同的工作 —— 第一份是保險電話銷售；第二份是維修手機；第三份是在工廠裡面做工人，現在是在藥店裡面當店員。

四份工作，最長的工作時間都不足 3 個月。

雖然透過兩個晚上的諮商幫他理清了職業的發展方向，但是在過去的 1 年中他走了不少彎路 —— 浪費了不少時間和精力。

所以，職業起步的關鍵是提前規劃、儘早規劃，這樣就可以預防職業迷茫的形成，避免盲目的行動，同時克制外在的誘惑、遠離職業盲點。

迷途職返

預防職業迷茫、預防職業失敗勝於遠離迷茫和失敗。

3. 盲目轉折，殊不知看似華麗的誘惑都是紙老虎

職業轉折的核心是跳槽，轉折的盲點是盲目跳槽 —— 盲目換城市、換產業、換企業、換職位甚至換志向。

關於上述五點，我們在第二章已有深入探討過。

下面我們來探討職業轉折期的盲點，以避免盲目轉折，被其他看似華麗的誘惑迷住了雙眼。

小心！那些看似華麗的誘惑，不過是你應該掃除的盲點。職業轉折有兩種方式。

一種是被辭退 —— 被辭退的原因通常只有兩種，一是職業態度不好，二是專業能力不足。只要端正你的職業態度、提升你的專業能力就可以避免被炒魷魚。另一種職業轉折是主動辭職。主動辭職，一般容易出現以下兩個盲點。

▒ 盲點 1. 輕易辭職

有一位諮商者，在和我簽約之後，向我諮商之前就辭職了。

其實，她自己都有點不捨。因為她的工作表現不錯，和同事、老闆之間相處得也很好。她辭職，老闆還盡力去挽留她。但是她因為迷茫、覺得目前的工作不是自己想要的，所以盲目地辭掉了工作。但諮商後，透過一系列評估，我發現她的性格非常適合從事她

辭職前的工作職位。

還有一位諮商者，她第一份職業是做外貿助理（她學的是英語），一直做了近兩年，並且一直都做得很不錯，但是她覺得繼續做外貿助理沒有什麼成長，於是就裸辭了去做業務，結果做了近一個月業務，內心非常排斥、很不適應，不想繼續做下去。其實，她辭職前幾個月就跟公司提離職，因為她做得不錯，經理一直在挽留她，並願意幫她調職。但是她最後還是選擇了裸辭。

圖：「辭職」漫畫

辭職時，人會面對兩種現狀：一是知道自己要去做什麼；二是不清楚自己要去做什麼；大多數人和上面兩位諮商者一樣，不知道要什麼、要去做什麼，只是感覺現在做的工作不是自己想要的，所以盲目辭職了。

辭職之前迷茫，辭職之後，他們還是不知道自己要找什麼樣的工作，還是迷茫。於是，他們又盲目地去找工作。結果有可能找到的又不是自己想要的。如此，他們就會成為「職場單腳跳」 —— 不斷地跳槽，進入一種惡性循環。

然而，年齡卻在不斷增長，自己的職業卻一直沒有什麼發展。很多人都清楚自己不要什麼而不清楚自己想要什麼，往往自己不要的有「N」個工作。據統計，目前一共約有 2 萬種職業。如果你想透過試錯的方式去找到自己的「理想」職業是很難的。即使透過試錯找到了合適的職業，那只能說明你運氣不錯，非常幸運！

可別忘了，人的生命有限，我們沒那麼多時間去試錯。所以，在不清楚自己到底要去做什麼的情況下，最好是不要裸辭。尤其是目前社會就業壓力非常大的情況下，如果不想做目前的職業，最好是在企業內部調職 —— 每個企業都會有多個職位，通常都有適合自己的工作職位。當然，要調職之前，你先需要把目前的工作職位做好，這樣才容易調職成功，如果你目前的工作職位都做不好，通常老闆不會讓你調職，除非這個老闆非常懂得用人之道 —— 把人放在正確的位置上。

像上面的兩位諮商者，她們完全可以先在企業內部調職。如果換到自己喜歡的職位，透過學習實踐具備了一些經驗和能力後，再去換更好地工作平臺 —— 這樣才是合理的。

另外，辭職之後，即使明確了自己喜歡的職業，如果沒有相關的職業經驗和基礎，去找工作也比較難。因為對於徵才方來說，對方首先會看你做過什麼、有什麼經驗和能力。因為徵才方一般都需要即戰力 —— 招募你去工作就需要馬上可以勝任、創造價值（當然，對於應屆畢業生，有些徵才方會有意願地去培養）。

所以，辭職跳槽之前，我們需要先釐清自己要往哪裡跳，還需要具備目標職業的一些基本條件。否則就可能會越跳越糟糕、越跳越迷茫！

也許炒老闆魷魚會讓同事羨慕或讓他們覺得你很有魄力，但是如果你辭職後，幾個月找不到工作，你會更加壓力山大！

▒ 盲點 2. 因錯誤的理由辭職

有一位諮商者，她剛從一個公司辭職後進入現在這個公司，現在又準備辭職。之前辭職的原因是公司偶爾要加班，不加班還要扣薪資；現在想辭職是幾乎每天都要加班（工作近 1 個月，只有 2 天是正常下班），而且上司對她要求很嚴格，感覺壓力很大。她現在覺得之前的工作比現在輕鬆多了……其實，每個公司都會有這樣或那樣的問題，尤其是私人企業，面對生存的壓力（私人企業的平均壽命不到 3 年）。有些規避法律的公司，認為加班很正常，業績好一點的可能還會發加班費。很多小規模的企業，加班根本沒有加班費。在這個就業形勢嚴峻時代，有時候，我們需要去面對和適應——偶爾加班是正常的。當然，如果你確實不願意加班，就可以選擇離開，也許你有一天可以遇到一個完全不需要加班的企業錄用你。所以，是否加班不是一個絕對的辭職理由。

上面的這位諮商者，現在還面臨上司對她嚴格要求的困惑。其實有一個對自己要求嚴格的上司是福氣。尤其是在職業初期，俗話說嚴師出高徒！

職業初期最重要的是不斷自我成長，有一個嚴格的上司可以促使我們進一步成長！所以，有嚴格的上司也不是辭職的理由。

辭職的理由有很多！

例如，有的人因業績不佳辭職，請問你離開了這個公司業績就一定會變好嗎？業績不佳的根本原因是個人的能力不行（除非，公司所有人的業績不佳，如果真是這樣，那麼這個公司可能正面臨倒閉）；有的人因人際關係不好辭職，請問你離開去別的公司，你的人際關係就會好嗎？人際不好是因為自己為人處世有問題，我們首先需要是反省自己；有人因為薪資而跳槽，通常薪資和我們的能力成正比，如果我們的能力沒有實質性的提升，我們的薪資提升也會有限；那麼什麼才是我們辭職的理由呢？

每個人辭職，都會有一個或多個理由，就大多數人來說，辭職的理由本身沒有對錯，極大多數情況下，我們辭職都會有很充足的理由。然而，從職業生涯規劃的角度來說，辭職的理由有對有錯，如果辭職有利於自己的職業發展，那就是對的，反之就是錯的。

企業和人都在成長，如果人的成長速度超越了企業的成長速度，企業已經成為個人發展的瓶頸，那麼我們可以透過辭職去獲得更好的發展平臺；如果我們的職業發展方向是向東，而目前所從事的職業沒有和我們的職業發展一致，那麼就可以透過辭職去與自己的職業發展保持一致。

另外，從人生全域性來說，職業需要服務生活，如果辭職有利於更好的生活，那麼辭職也是正確的。例如，因為職業的發展跟從自己伴侶的腳步辭職去另外一個城市發展。

■ 盲點 3. 透過考證換工作

有一位諮商者學的是觀光，畢業後在電信業做了 2 年的 3G 解說員，後來在一個小旅行社裡工作了 2 年多。後來辭職了，由於找工作期望過高、定位太高，沒找到合適的工作，於是去考了一個會計師執照，想透過考證轉換職位、轉換職業。目前，她在一個醫院做出納——儘管如此她還是感到迷茫。和我交流後，才明白僅僅考個會計師執照，很難讓她成功換工作。因為任何公司不會聘用一個只有執照而不是本科出身且沒有任何經驗的人。

近些年，有很多職業就職都需要執照，所以有很多人都會盲目去考職業執照，職業執照只是就職的一個條件之一，可能還需要很多其他的條件，如果你要成功轉換職業，你需要盡可能地去滿足這些條件才容易轉換成功。至於如何轉換職業，請溫習本書前面章節的內容！

迷途職返

無論如何，辭職要有利於我們的職業發展、有利於我們更好的生活，否則就沒有必要去辭職。

4. 做更好的自己，莫在惡性循環中自我拉扯

除了職業轉折期的盲點，我們的職業心態也容易出現盲點。

有一位在日本留學的諮商者，她來自一個普通家庭，不過，在我看來 —— 她的經歷並不普通。小學、國中成績不錯，國中畢業考進了高中資優班，在高中期間，她當了兩年的班長。後來考上了當地的一所大學。讀大學期間，她的生活也是豐富多彩 —— 拿過書卷獎學金；大一期間，她參加了社聯會、戲劇社和人文學院的禮儀隊和主持隊；大二，她當上了活動長；大三，她當了晚會總召，並且成功地主辦了一場晚會 —— 這可是她大一時的夢想。更讓我佩服的是，她竟然一個人在暑假期間，回到自己的家鄉，從零開始，在家鄉籌辦了一場精彩的大學生文藝晚會。大學畢業後，因為喜歡日語，目前一個人在日本求學。業餘時間，她透過兼職鍛鍊自己。對於一個 22 歲的女孩來說，我真心覺得她很不錯。她有想法，並且積極努力想辦法去實現自己的想法，她也很獨立，一個人在人生地不熟的日本生活學習。總而言之，在我看來，她比很多同齡人更優秀。

不過，也許是她家裡人總是把她的缺點和別人的優勢去做比較，導致她一直不是那麼自信，甚至有一點點自卑。她對我說，不喜歡自己的性格，不喜歡自己是個乖乖女的好女生。她喜歡朋友中

那種性格開朗、能說會道、自信滿滿、善於推銷自己的性格。她自己的性格是平和型為主，完美型為輔；她溫暖、善良，有愛心。她嚮往成為活躍型的女孩，因為活躍型女孩有很多她沒有的優點。

在心理學中，有一種心理叫作補償心理，就是自己沒有的總想得到，所以就會有圍城效應。

其實，她自己曾經也遇到過，她的朋友很想成為像她這樣溫和的女孩。也就是說，她嚮往成為別人，同時，也有別的人想成為她這樣的人。結果她們都迷失了自我。這也許就是年輕的代價。需要時間去讓自己成長、成熟。

給自己時間成熟、成長，做更好的自己

盲點 1. 不能坦然面對不完美

一個成熟的人，首先需要學會接納自己的不完美，才能做真實的、更好的自己。

每個人、每種性格，都有優點和缺點。沒有一個人是完美的。你需要了解自己的優點和缺點，從而發揮自己的優點，讓自己自信，同時，也要坦然去接納自己的缺點，並不斷去修正——做真實的自己。

同時，你也需要客觀的去看待對方的優點和缺點，接納對方的缺點——善待他人，要學會欣賞他人的優點——可以去吸收他人的優點，但不要因為別人的優點而看低自己，讓自己成為別人。

做真實的自己，你會活得更加坦然、安心、從容。做真實的自己，自己才是獨一無二的，做成別人即使再精美也只是一個超級贗品。

盲點 2. 自卑的你，低到了塵埃裡

有一位小夥，身高 188 公分，長得很帥，本來他有足夠的本錢自信。可是因為自卑，他如今 26 歲還沒有全心全意地投入一次戀愛；因為自卑，他沒有跟從自己的意願去工作和生活；因為自卑，他總是想得多，不敢去嘗試、去行動；因為自卑，從國中開始就一直睡眠品質不好，總是有失眠傾向……總之，自卑讓他的人生缺乏陽光、缺乏精彩。

那麼是什麼原因導致了自卑呢？

如果你去觀察 2 到 3 歲的小孩，你會發現，他們天生是自信的 —— 他們有想法就會直接表達，想要什麼都會想方設法去獲得，他們總是很積極、樂觀而且很快樂。為什麼隨著年齡的增長，很多人會變得越來越自卑呢？

導致一個人自卑有客觀的原因，例如生理上缺陷的人，通常會比較自卑，但是更多是因為外在的影響導致一個人心理上有「缺陷」。

導致自卑有以下幾個原因：

表：導致一個人自卑的原因

導致一個人自卑的原因	
原因	分析
父母打擊式教育	小孩天生是自信的，但是在父母打擊式教育下，例如經常挨打、挨訓、挨批評等，小孩就會慢慢變得不自信，另外，父母不懂得尊重小孩的意願，經常強迫孩子按自己的意願行事——如果你用心去聆聽父母對孩子說的話，你會驚奇的發現，父母用的否定詞會遠遠超過肯定詞，例如不能、不行、不應該、不可以，不准，怎麼這麼笨……慢慢地孩子會覺得自己怎麼什麼都不對，慢慢也會失去主見、失去自信。家庭教育是孩子的根本，孩子出生是一張白紙，父母的教育讓孩子在紙上圖上最初的色彩，如果孩子圖上的色彩鮮豔的顏色，他的人生也將豐富多彩，如果孩子圖上的灰暗的顏色，孩子的人生就可能會黯淡無光，例如自卑、依賴、膽怯、懦弱……

重要長輩的批評、指責等	例如老師經常性的批評、指責，很容易讓學生自卑。在國高中階段，我感受過鼓勵和批評——國中的班導師，羅老師，在他的鼓勵下，我的成績突飛猛進，結果以全年級前三名的成績考上了明星高中；然而讀高中的時候，有一次，作文寫離題了，作為語文老師的班導師，他把我的作文在全班同學面前批評，讓我非常憤恨，也因此高中 3 年，我的語文沒及格過，大學考試 700 分只考了 490 分，也因此沒有考上大學(我其他的成績都不錯)。
比較心理導致的自卑	有句話說的好，人比人氣死人，尤其是別人拿你去比較，會讓你自卑。例如經常有父母會拿自己孩子的不足去和孩子的同學或者同齡的小朋友去比較，這樣會傷孩子的心；例如，當老師的經常拿成績差的去跟成績好的同學去比較，這樣成績差的通常會自卑。

了解自卑的原因是為了更好地遠離自卑，以及避免自己的行為導致他人自卑。

作為成年人，再去抱怨父母的教育，長輩的教育等都於事無補。關鍵是如何遠離自卑，讓自己自信。我的建議是，大家可以從以下幾個方面去行動，從而培養好的職業心態：

1. 學會獨立：獨立有身體獨立、經濟獨立、人格獨立。作為成年人，大家都已經身體獨立了，接下來先要做一個經濟獨立的人，即自己賺錢養活自己，不可以依賴父母等家人。這是人格獨立的基礎和前提。

2. 按自己的意願選擇、行動：作為成年人，你需要為自己的人生負責，父母養育的義務是在你未成年階段盡可能提供生活必須品和相關的教育。當你成年後，人生是你自己的，你需要跟從自己的意願去生活，去實現自己的理想和目標。

父母也許會陪伴你更長時間，但是你才是自己人生的主角，你的人生劇本需要你自己寫，寫好了自己演，身邊的人頂多是配角，身邊極大多數人只是觀眾，他們也許會為你喝采，也可能喝倒彩。但是只有你自己為你的演出承擔後果。

3. 客觀、辯證看待自己和他人，以及他人的評價：自卑的人容易放大自己的弱點和不足，其實每個人一定有優點，當然也有缺點。

如果你把自己的注意力聚焦在你的缺點和不足上面，就會覺得自己什麼都不如別人；相對的，你身邊的人，他們也有缺點和優點，千萬不要把自己的缺點和別人的優點去比較，這樣只會讓你更自卑。要自信就需要客觀看待自己和他人，學會接納自己的不足，學會去發現和發展自己的優點，做與自己優點相吻合的工作；要自信還需要客觀地看待他人的評價。他人的評價不一定正確，如果正確我們就虛心接受，如果不正確，我們可以不用太在意，做真實的自己。

4. 活在當下，透過行動累積結果：好的結果會讓自己加強自信。一個自卑的人要獲得信心變得自信，外在的鼓勵可以得以鼓勵，但只有透過自己的行動、體驗並產生好結果才可以讓自己確信自己是「我可以、我能行」。好的結果並不一定要成就「偉大的事蹟」。先做好我們力所能及的小事情，偉大的事蹟都是很多好結果的小事情累積而來的。

每個人都是獨一無二的 —— 你何必自卑，每一個生命都會透過父母遺傳獲得天賦和劣勢。生命需要揚長避短，千萬不要因自己的劣勢唉聲嘆氣、怨天尤人、自卑自憐。因為每個生命都有自己的天賦和劣勢。重要的不是天賦和劣勢本身，而是我們如何看待自己的天賦和劣勢。智者不會去刻意掩飾自己的劣勢，他們會坦然面對並接納自己的劣勢和限度；他們會把注意力聚焦在自己的天賦上 —— 將自己的天賦潛能發揮出來、創造價值、造福人類。

▒ 盲點 3. 莫名的急躁

有一位明星大學的博士。他一路從大學到研究所，讀的都是地質學，目前在一所名校念博士（博一），他來自鄉下，家有父母、弟弟以及弟媳，雖然家裡的經濟狀況普通，但他有弟弟在家照顧父母，所以沒有多大負擔。最近因為看到一位也是讀地質學的前輩 —— 具體不知道什麼原因，延畢了，畢業後找不到工作。於是他也擔心自己。另外，他也比較孝順 —— 希望自己早點工作賺錢，減輕家裡的經濟壓力。

找我諮商前，他準備放棄的他的科系專業、他的學業，去考會計師執照，準備先進小公司去上班。如果他不找我諮商，放棄念博士、放棄專業去考個會計師執照，他找工作都很難，即使找到了 —— 猜想也只能是一個很一般的工作，因為找工作也是市場決定的，雖然各行各業都需要會計，但是會計系畢業的人本身就很多，而且他目前已經 27 歲了，即使考了會計師執照也缺乏專業基礎且沒有經驗。

其實，他的性格適合從事學術研究，他大學、研究所、博士的科系一路貫通（有不少博士，他們大學、研究所、博士並不一定是相關專業，因為有很多人是跨科系考研、考博），這種專業的累積已經有近 8 年，是一種非常好的優勢。所以他比很多人都具備了非常好的職業基礎和職業潛力。他比很多人都幸福 —— 只是他自己沒有感覺到。

職業要想有好的發展，前提是必須專注一個領域去累積，只有持續累積到一定階段才會厚積薄發，讓自己的職業帶來突破。因為任何人只要專注於一個領域用心成長，5 年可以成為內行，10 年可以成為專家，15 年就可以成為權威。也就是說，只要你能在一個特定領域，投入 7,300 個小時就能成為內行；投入 14,600 個小時就能成為專家；而投入 21,900 個小時就可以成為權威。但如果你只投入 3 分鐘、3 個小時，你就什麼也不是 —— 就像挖井故事中的主角一樣，不斷換地方挖井，很難挖出水來。

盲點 4. 過於擔心，杞人憂天

有一位高材生，在諮商之前，他已經決定了考博士，而且已經選擇好了學校，也聯繫了指導教授並購買了考試書籍。他的未婚妻也支持他考博士。離考試只有 2 個多月了，但是他一直在擔心，他對現在的工作一點都沒興趣 —— 因為這種工作是他曾經放棄了的工作。諮商中，他還在猶豫是否辭職去考博。不過，透過第一階段諮商後，他就決定辭職了 —— 已經提交了辭職書，他也剛離開這間公司，一星期交接後就可以專心去準備考試。

諮商結束，我問他還有什麼困惑。他說：對於我念博士期間的家庭安排存在顧慮；假如努力後仍然沒有考上博士，對於再次找工作存在顧慮；如果我考上了博士，面對生活的壓力、我自己能不能潛心研究學術……總之考試期間、考上或考不上都很擔心。

在我看來，他當下最重要的事是用心準備考試。至於能不能考上 —— 只有考完了才知道。不過要考上，前提是需要他用心去準備。只要他用心去準備了，即使沒有考上也不會後悔。人之所以會後悔，不是因為行動了沒有成功、付出沒有得到，而是不敢去嘗試或者沒有用心去嘗試。

擔心的事情，如果會發生，擔心不擔心都會發生，這樣又何必擔心？如果擔心的事情不會發生，那麼擔心就是多餘的。據統計，90%的擔心都是多餘的。

接納職業的不完美，別讓自己陷入惡性循環

有位朋友對我說——你這個職業是上帝一般的職業，可以給人指點迷津。

其實，人無完人，金無足赤。職業也一樣，沒有完美的職業，只有適合的職業、喜歡的職業。

就如你喜歡一個人一樣——每個人都不是完美的，他有好的一面，也有不好的一面。戀愛的時候，我們通常只關注了對方好的一面——以為對方是完美的，所以都會投入極大的熱情——愛的卿卿我我、愛的不分晝夜、愛的你死我活；而婚姻照進現實，對方的缺點也會慢慢盡顯眼底，然後彼此開始抱怨、指責甚至辱罵、嘲諷……所以離婚率很高、有的是閃婚閃離；可是離婚之後，再找一個，似乎又會進入了同樣的惡性循環。殊不知，幸福的婚姻是需要彼此去經營，前提就是需要學會接受彼此的不完美，即要客觀地去看待你的另一半。如果彼此只看到對方的缺點並沒法接受，那麼離婚只是時間的問題。

同理，每份職業也會有好的一面，不好的一面。例如薪資高，通常要求也高、壓力也大。例如，做職業生涯規劃諮商：有好的一面——對我來說這個職業很自由，可以助人並有合理的收入；但是這個市場乍看很大，實際上目前很小——真正願意付費諮商的人不多，另外選擇這個專案創業，很難做出規模——1 對 1 諮商很難大

量複製，所以收入也會有限，而且職業生涯規劃諮商服務 —— 一次服務，終身受用，做過諮商的，以後的職業路上可以不要需要再諮商。

所以，有很多人都想成為職業生涯規劃師，但是真正專心從事這個職業的人很少。當然，前提是 —— 這份職業是你喜歡的、適合你的。

當你學會了接納自己職業的不完美，你才會努力去做好這份職業 —— 從中獲得職業的快感。例如，你可以接納另一半的不完美，你就會抵制外在的誘惑 —— 見到美女，你看到對方的美麗、漂亮，同時也清楚，她也有缺點，只是暫時離得遠，沒發覺、看不到而已。接納了另一半的不完美，你就不會對對方過於苛刻，也就會接受對方犯錯；接納另一半的不完美，你清楚對方還有很多優點，這樣的婚姻就會幸福。不要羨慕別人的職業和婚姻，只要遇到自己喜歡的、適合的，你就要客觀地去面對 —— 欣賞好的一面，接納不好的一面，然後努力專注去做更好的自己，這樣幸福會每天都與你相伴！

迷途職返

你現在可以做一件事情，列出你的職業 —— 有哪些好的方面，有哪些不好的方面，學會去接納不好的一面；你也可以列出你的另一半或對象：有哪些好的方面和壞的一面，學會去接納。

5. 人生經歷不等於核心競爭力

職業生涯（尤其在職業發展初期）是一個人最容易有職業盲點的階段，所以要特別重視。需要正確起步，正確轉換職業，積極的職業心態以及正確的職業認知。只有這樣，你才更容易在職業初期提升自己的能力、累積自己的實力。畢竟，再豐富的經歷也不等於核心競爭力。

掃除職業認知的盲點，提升核心競爭力

▓ 盲點 1.「我的性格不適合做管理」

我經常遇見一些性格內向的諮商者，他們認為自己的性格不適合做管理 —— 而這是一種錯誤的認知。

管理有很多種 —— 供應商管理、產品管理、生產管理、資訊或數據管理、人事管理、行銷管理、銷售管理、技術研發管理、投資理財管理、企業營運管理。

如果把一個企業職位分為三個層次 —— 基層、中層和高層。

基層是自我管理，中層是管理他人的同時受人管理，高層是管理他人。

其實管理是一個綜合性的行為，性格和管理之間是沒有一對一的對應關係。具體到每一種管理，才可以進一步探討性格與管理的匹配性。

表：性格與管理的匹配性

性格與管理的匹配性	
管理類別	適合的性格
供應商管理	人際交往屬於被動式——買方市場，一般都是銷售方主動找採購方，所以比較適合完美型的人來做。
產品管理	比較簡單、重複，適合平和型的人來做。
生產管理	屬於固定流程化管理，適合完美型和平和型的人來管理。
資訊管理	要求精確比較適合完美型或平和型的人來管理。
人力資源管理	需要協調公司各部門的人際關係，適合平和型和活躍型的人來管理。
營銷管理	涉及到策劃和市場的變化——活躍型的人容易有創意，完美型的會不斷改善。
銷售管理	需要開拓力強，適合力量型（當然這裡說的是傳統的主動出擊的銷售，如果是會議銷售適合活躍型，門店銷售屬於被動式銷售適合完美型或平和型，還有諮商式銷售適合完美型)
技術研發管理	適合完美型，如果是應用性強的技術也適合平和型。
投資理財	屬於控制風險，所以完美型比較適合。
企業經營管理	這要看什麼階段，如果是創業初期需要力量型來管理，80%的創業型公司的老闆都屬於力量型，因為新公司要生存、發展，首先需要打開市場——這是力量型的優勢。如果一個公司已經上了規模需要守江山——那麼完美型的人也適合。

每種性格的人都可以做管理，關鍵是要找到適合自己的發展方向和切入點，然後專注去累積。

例如，適合做技術，你就專攻技術，當你有了硬底子的本領，並在企業內有足夠的累積，你自然就可以做技術方面的管理。

所以，不是你適不適合做管理，而是你是否有實力坐上管理這個位置，只要你坐上去了，你就可以管理，並且不同的性格的人做管理，會形成不同的管理風格。

表：性格不同，管理風格也不同

性格不同，管理風格也不同	
性格	管理風格
力量型的管理者	做事的目的性非常強，做事很有魄力。他們通常會過度使用員工——加班是常有的事，他們的脾氣會比較大，歷史的暴君都是力量型的。
完美型的管理者	會對下屬要求嚴格，經常批評、指責，做事情會比較謹慎，不太信任下屬，喜歡親力親為，做事的計劃性強，追求循序漸進。
活躍型的管理者	烙印是快樂管理，追求娛樂性，在玩中工作。
平和型的管理者	最看重團隊的人際和諧——和氣生財，管理人性化，屬於寬鬆式管理。

另外，當企業上規模了，並不是一個人管理，而是團隊管理，管理團隊成員之間可以發揮自己的優勢進行互補管理。

盲點 2.「我不適合這個行業」

在諮商中，經常遇到一些諮商者說：「我不適合這個行業。」

在網路上，有很多迷茫的朋友會問「我不適合這個行業，我想轉行」。

在回答這個問題之前，先需要對行業有個基本的了解。

行業是提供相似產品、相似服務或相似技術的企業群。

也就是說，一群相似的企業就可以形成一個行業。

例如，提供電腦相關產品、服務和技術的企業可以形成一個「電腦行業」。當然行業還可以進一步細分，例如，提供給電腦軟體相關的企業可以形成電腦軟體行業。提供諮商服務的一群企業可以形成諮商服務行業，諮商服務行業也可以進一步細分 —— 提供職業生涯規劃諮商服務的可以形成職業諮商行業，提供健康諮商服務的形成健康諮商行業，提供心理諮商服務的形成心理諮商服務行業。

既然行業內包括很多類似公司，而且每個公司都會提供多種工作職位，那麼任何一個行業都會提供很多種職業。

所以「我不適合這個行業」這種觀念是錯誤的。

因為每個行業都有很多人，這些人是各式各樣的。

從性格來說，人可以分為完美型、活躍型、力量型和平和型。任何行業都會有這四種性格的人。而且任何行業都會有幹得好的，也有幹得不好的。

所以，行業不會決定一個人的職業成與敗。

當然，行業的前景會影響一個人的職業成敗 —— 例如行業前景好的，在這個行業內的企業和個人，他們相對發展的空間會較大，相反則較小。總而言之，一個國家的宏觀經濟好的情況下，前景不好的行業很少，對於個人來說要結合自己的實際情況，盡量去選擇前景好的行業。

一個人適不適合的不是行業，而是行業內具體某個企業內的工作職位。

只有當一個人具體做某些事情的時候才會覺得適不適合。

例如，喜歡主動溝通的人會適合做主動銷售；喜歡說話、表現自己的人適合做會議銷售；性格溫和、喜歡被動溝通的，適合做客戶上門的門市銷售和客服；性格內向善於思考分析的適合做諮商式銷售。

所以，當你覺得目前的工作不適合自己，你可以考慮在企業內部換個適合的工作職位；如果公司內部沒有適合的公司職位，你可以在這個行業內換一個企業再換個適合的工作職位 —— 通常大公司提供的工作職位會比小公司多。

因此，每個行業內會提供很多工作職位，如果你用心了解——你可以在行業內找到適合自己的工作職位。而不需要跳出行業去換工作。

▒ 盲點 3. 專注 10 年，收入卻不高

有一位諮商者，她工作 10 年，大部分時間都是在從事企業品管認證方面的工作，從專注職業的角度來說，她做得很好，而且很上進，做事認真負責。但是做品質認證的時候，她的月薪最高也不到 28,000 元。年初的時候換了一份工作，但不是做認證的工作，雖然薪資漲到了 30,000 元，但是因為換了一個新的領域，幾乎都要從零開始學。加上上司的過多干預、公司提供的資源有限，她幹了幾個月，感覺很不適應。

前天，她的工作已經被同事接手了（說明這份工作沒做好），公司要給她分派新的工作。按理說，在一個相關的工作職位連續工作近 10 年，她的收入應該會比現在高。因為在一個工作職位工作這麼久，而且是認真做，必然是這個領域內的專業、內行人士。

那麼，為什麼她的收入沒上來呢？

我幫這位諮商者總結了一下原因，一是自己缺乏職業目標，雖然幹了近 10 年的認證工作，但是一直在基層工作，一直都在被管理、被帶領，從來沒有管過人。

關於這一點，主要是在於她自己的觀念受限——覺得自己不適合做管理，所以雖然想往主管、經理方向去發展，但是一直沒有行動。其實，她近 10 年的工作，真正只需要 3 年左右的時間就可以做好。那麼對於多出來的時間——用一個形象的比喻，就是在炒剩飯，在重複做一份自己已經很熟悉的工作。

二是極少對自己做投資。雖然在工作期間，因為工作需要，公司曾經派她去參加過不少培訓並拿了不少資格證書。但是都是被安排去學的，所以學得不夠系統（學習也需要有目的去學，需要圍繞自己的職業目標去學）。而她很少主動投資學習。另外她自己其實很早就想投資做諮商，但是又怕花錢，所以一直拖到前些時間才決定找我諮商。

如果早找我諮商，我想她早就可以成為一個企業的中高層管理者。她就不必在「原地踏步」那麼久。一個人的職業要發展，其前提是讓自己不斷成長、讓自己變得更值錢。所以投資自己和自己的未來是最好的投資。

總而言之，一個人的職業發展，在企業內，應該是從基層往中高層發展；在行業內，應該是從小公司、差公司往大公司、好公司去發展，到了一定的階段，就可以突破企業或行業的限制 —— 例如自己創業或為行業內的企業提供服務等。

這樣的職業發展才是和自己的成長保持一致性，如果一個人總是從一個公司的基層跳到另外一個公司基層去工作，或者在同一個公司的基層長時間的工作，那麼他的工作經驗會越來越豐富，但是他的成長會有限，他的收入也會受限。一個人即使從小公司跳到很大的公司，但是同行業內相同或相近的工作職位，收入相差不會太多。所以這種職業發展方式薪水很難有大的提高。

盲點 4. 專注錯的，很難成長

有一位諮商者，她的情況和很多諮商者不一樣 —— 很多諮商者都喜歡盲目跳槽，而她畢業近 8 年，一直在一個公司、一個職位上工作。但遺憾的是，她的職業並不成功。另外，她所在公司這 8 年也沒多大發展，目前只有 10 幾個人，她所在的部門 8 年只增加了 1 名員工。

她是做外貿業務的，其實她的性格並不適合做外貿業務，性格內向，不喜歡與人交往，英語口語也普通，與外國人交流的時候，總擔心自己的英語說不好。討厭應酬，雖然做了近 8 年的外貿業務，但是業績一般，開發新客戶的能力很弱，維持舊客戶還可以。

其實，她自己也一直想辭職，幾年前就想辭職，但是她是那種想法很多，行動卻猶豫不決，所以不知不覺就「抗戰 8 年了」。雖然她平時也愛學習，但是沒有專注在某一方面。所以目前她能做的、徵才方認可的能力也僅僅是外貿業務。另外，她也是一名近 30 歲的單身女性。目前她不僅面對的是職業迷茫，還有感情困惑。

這個諮商案例給我們的啟發是：專注也不一定會成功！因為專注是有前提的 —— 要專注在對的上面，否則就會成為「南轅北轍」的主角。

這位諮商者專注在不適合的工作職位上，雖然他的工作能力有所成長，行業經驗、行業的知識等有所累積。但是因為不適合，職業沒有發揮自己的性格優勢，所以她的職業成長是有限的，我不能說她的職業是完全失敗的，相對於一些盲目跳槽的朋友，她的收入可能還不錯 —— 她之所以沒有勇氣跳槽，是她擔心自己的收入越跳越低。

從性格匹配於職業來說，職業可以分為三個檔：

一是假如性格與職業的匹配分值為 80 至 99 分（沒有 100%匹配的職業），那麼我們可以稱這種職業是「適合」我們的；二是假如性格與職業的匹配分值為 60 至 80 分，那麼我們可以稱這種職業「比較適合」我們；三是假設性格與職業的匹配分值為 60 分以下，即不及格。那麼我們可以稱這種職業「不適合」我們。

這位諮商的朋友做了「不適合」她的職業，所以即使他很努力、很專注，也只能獲得一定的成長，很難獲得較大成功！

盲點 5. 其他的錯誤認知

表：其他的錯誤認知

其它的錯誤認知	
錯誤認知	錯誤的點
想要絕對的公平	遲到罰錢，加班為什麼沒有加班費？永遠是對的，老闆不會適應你，而你需要去適應老闆、要適應公司的環境、公司的制度等。另外，老闆的口頭承諾不要過於在意——能夠實現只能說是你有福氣、遇上了一個誠信的老闆。
過於自我、忽視關係、得罪他人	得罪人是有成本的，尤其是得罪上司和前輩——小心他們給你穿小鞋。越級報告會得罪直屬上司，貪功會得罪同事和上司，自傲會得罪你身邊的人；冷漠會讓你孤立無援；口無遮攔背後議論、抱怨他人會得罪他人。不思進取、總找藉口會讓同事瞧不起，不要去打聽同事的薪水和他人的私生活。
拉關係求發展	國人重視關係，但是僅僅靠關係沒法讓你持續發展。職場的本質是利益、是交換——要想發展，首先需要讓自己有利用價值、讓自己不可替代。
輕看上司	老闆不會讓一個傻子坐在上司這個位子上。你想要坐上這個位子，首先需要配合你目前的上司：拿到任務以後，先動起來，在行動中尋找解決方案，遇到不懂的問題要請教上司，上司忙時先彙整好你的問題，等上司閒暇的時候，再去請教；隨時給你的上司彙報你的工作進度——彙報工作的時候先講結論和重點。當你在配合上司的過程中表現出色，如果你超越了上司——老闆自然會讓你升職。

迷途職返

請找一張白紙，把本節例舉的盲點都寫出來，然後跟自己進行對照，你目前存在哪些盲點？你打算如何去避免？

6. 沒有付出就想得到是貪婪，沒有危機就是最大的危機

前幾天在社群上看到一段話：「你花 70 塊錢買個便當吃，覺得很節省，有人在路邊買了 10 塊錢饅頭吞下後步履匆匆；你 8 點起床看書，覺得很勤奮，上臉書發現曾經的同學 8 點就已經在面對繁重的工作；你週六補個課，覺得很累，打個電話才知道許多朋友都連續加班了一個月。親愛的，你真的還不夠苦，不夠勤奮、不夠努力。」

這句話是說給每一個在職業生涯的路上，為夢想而不努力的人聽的。

沒有付出就想得到是貪婪

有這樣的一個故事：從前，有一位愛民如子的國王，在他的英明領導下，人民豐衣足食，安居樂業。深謀遠慮的國王卻擔心當他死後，人民是不是也能過著幸福的日子，於是他召集了國內的有識之士。命令他們找一個能確保人民生活幸福的永世法則。

三個月後，這班學者把三本六寸厚的帛書呈上給國王說：「國王陛下，天下的知識都彙集在這三本書內。只要人民讀完它，就能確保他們的生活無憂了。」

國王不以為然，因為他認為人民都不會花那麼多時間來看書。所以，他再命令這班學者繼續鑽研。

又過了三個月，學者們把三本書簡化成一本。國王還是不滿意，再過一個月後，學者們把一張紙呈上給國王，國王看後非常滿意地說：「很好，只要我的人民日後都真正有奉行這寶貴的智慧，我相信他們一定能過上富裕幸福的生活。」說完後便重重地獎賞了這班學者。原來這張紙上只寫了一句話：天下沒有免費的午餐。

為了這句話，一群有識之士，花費了幾個月的時間。每個人都渴望富有、成功、出人頭地；可是捫心自問 —— 你為你的午餐付出了多少。這種付出可能是時間、金錢、精力等。

如果你沒有多大付出，就想獲得大回報，那是異想天開。一分耕耘，一分收穫；沒有春天的播種、夏天的澆灌，你想在秋天有好的收成？通常哪些已經成功的人，私下裡都曾經都付出過巨大努力。只是我們沒親眼看到他們的付出，而只看到了他們光鮮的一面。當然，天下也有免費的午餐，在你沒成年之前，父母給的 —— 那是養育之愛；如果成年之後，你還經常認為父母應該給你午餐，那就叫啃老；如果成年之後你經常接受別人的免費午餐 —— 那叫要飯。

欲取之，先予之。

而很多人的思維模式是先取之，後予之；可是提款卡上 —— 你不先存錢進去怎麼會有錢給你提款。也許你會說現在有信用卡，可以先用後還，不過很多沒有償還能力的朋友，最終丟失了自己的信譽，而且過期償還會產生高額的費用 —— 我有個朋友就有一張信用卡，忘記還款，銀行過了 6 天才發簡訊提醒他，結果每天扣了 0.5% 的利息（一個月就是 15%的高額利息）。

免費後面通常都會隱藏危機（當然有些免費體驗是為了吸引消費者體驗，然後成交，屬於合理的行銷手段），例如，很多人收到免費中獎資訊，結果會上當受騙；很多投資詐騙都是承諾比銀行高很多的利息，結果很多人投錢後都血本無歸。騙子之所以能夠騙得成功，就是因為很多人都想獲得「免費午餐」。這種貪婪才讓騙子有機可乘。

所以，請你牢記——天下沒有免費的午餐！如果有一天你無緣無故獲得了「免費餡餅」，你可不要高興太早。貪官收了很多「免費的午餐」——結果是牢獄之災或判刑！

沒有危機意識是最大的危機

有一位諮商者的經歷很典型，希望可以給大家帶來啟發。該諮商者畢業後在兩個公司有短暫的工作經歷，後來進入了現在這個單位——是一個交通部門的事業單位，他不是正式員工——屬於編制外應徵的約聘人員。他在這個單位一直工作到現在，已經有 6 年了，6 年中，主要的工作是一般文書工作，所以雖然工作了 6 年、累積了 6 年，但是目前他只是具備文書類工作的一般技能，然而時間飛速，轉眼他都過 30 歲了。

俗話說 30 而立，但是他 30 歲，目前沒有累積什麼核心的職業技能。另外，他目前還是單身。所以他的壓力很大——不僅僅是職業上的（不喜歡目前的職業，也不適合目前的職業，職業本身的發展性也比較差），還有心理上的、情感上的壓力。

他其實是一個有進取心的人，一直都想去改變現狀——就如他自己說的「不然的話，也不會現在投資做職業生涯規劃諮商」。只是他是那種想得太多，行動太少、太慢。雖然透過幾個小時的職業諮商，幫他理清了職業的發展方向以及下一步該如何去做職業轉換。但是他要想取得職業成功，需要比其他人付出更多 —— 因為他過去浪費了太多寶貴的時間。

其實，他可以早幾年去放棄目前的職業 —— 一份自己不喜歡、對自己沒有什麼成長、職業本身的發展性又很差的職業。這樣的職業我們需要儘早放棄，如果他早點捨棄那份工作，說不定現在有了更好、更適合的職業。

所以，如果你目前也是處於一種沒什麼成長、沒什麼發展、自己也不喜歡的職業階段，你需要開始反思、開始有緊迫感、危機感 —— 需要盡快換跑道，為自己的職業尋找新的出路。

不然越往後越難 —— 因為歲月不饒人，年齡越大，換跑道會越難。

19 世紀末美國康乃爾大學科學家做過的著名「青蛙實驗」—— 科學家將青蛙投入已經煮沸的開水中時，青蛙因受不了突而其來的的高溫刺激，立即奮力從開水中跳出來得以成功逃生。同樣是水煮青蛙實驗，當研究人員把青蛙先放入裝著冷水的容器中，然後再加熱。結果就不一樣了。青蛙反倒因為開始時水溫的舒適而在水中悠然自得。直至發現無法忍受高溫時，已經心有餘而力不足了。被活生生地在熱水中熱死。

溫水煮蛙的實驗道出了從量變到質變的原理，說明的是，由於對漸變的適應性和習慣性，失去戒備而招災的道理。突而其來的大敵當前往往讓人做出意想不到的防禦效果，然而面對安逸的環境往往會產生不拘小節的鬆懈，也是最致命的鬆懈，到死都還不知何故。希望各位朋友不要做水煮的青蛙，要讓自己有危機意識、要未雨綢繆——這樣才容易預防職業危機、獲得職業成功。

人和青蛙有本質上的區別，就像這位諮商者一樣，雖然曾經做過一段時間「水煮的青蛙」，可喜的是他選擇了重新起步，只要他朝正確的方向努力前行，我相信他一定可以擁有更好的未來。最怕是那些身處險境卻依然沒有危機意識，還不知自己身處險境。

有人說：「付出乃是逆境的剋星，因為它讓你咬緊牙關堅持下去，無論被擊倒多少次，它總能支持你再爬起來。所以，只要你的工作目標已經確立，你就必須努力付出，這種付出必須要全力以赴。」失敗，也許只是因為你的付出還不夠！

迷途職返

也許你不具備某種天分，也沒有聰明的頭腦，於是只能透過後天的勤奮、努力來彌補缺憾。可是，比這更悲哀的是，比你聰明、比你有天分、比你有條件的人，比你還要加倍努力。

這個世界是有不公平，可是如果你足夠努力，足夠堅忍，足夠勇敢，你又怎麼知道自己不會得到自己想要的一切呢？

人最大的敵人是自己，如果不能超越自我，感動自己，那麼根本不可能會全力以赴地去實現自己心中的夢想。

7. 越等待、越糾結、越痛苦：有夢就早點去追！

如果你有夢想，不要把夢想藏著，而是需要儘早放飛夢想，追逐夢想。因為你越年輕，你越有衝勁；你越年輕，你越有機會；你越年輕，你越有資本。否則越等待、越糾結、越痛苦。

如果有夢，早點去追

有位諮商者，他工作認真負責、誠信敬業，業務品質和能力都不錯。他是一個物流公司在當地的負責人。其實，他進入物流行業幾乎沒有任何基礎，但是，透過他不斷地努力和專注，至少目前在這個行業這個企業有自己的一席之地。

他原是學法律的，2004 年畢業，曾經做了半年的法律老師，因為不甘現狀，他辭職了。辭職後，即 2005 年的時候參加了司法考試，差 1 分；同期還去考法律方面的研究所，但沒有考上。後來，即 2006 年，他就進入到物流行業，在一個公司做到現在 —— 近 7 年。他原本想成為一名法官，但是進入物流行業的前幾年，他沒有去追逐他的「法官夢」，直到 2011 年中旬，參加了司法考試並且通過了；後來又參加了公務員考試。

另外，他在目前的行業遇到了一些瓶頸，本來可以做公司的副總，但是因為自己沒有自信，也是缺乏管理方面的培訓。他自認為是非常善於帶兵，但不會帶將 —— 帶兵和帶將需要不同的管理理念、管理的技巧和方法。

如果從德才兼備來對他進行評估，他是一位品德高尚，行業經驗豐富、業務能力扎實的人。唯獨在管理，即帶部門經理的能力不強。總經理為了讓他有個調整期，暫時把他調到其他地方做負責人，年初才去的，最近感覺不錯。

他找我諮商的目的是幫他分析，他該繼續在物流行業發展，還是去追求他的「法官夢」。

我跟他做了全面的分析，結果是希望他繼續在目前這個行業去打拚。

理由有 3 個關鍵：

一是他追求「法官夢」的欲望並不強烈，他剛進入物流行業的那幾年，他做得很順利，所以他所謂的「法官夢」離他而去了，直到後來做了管理，覺得有點不適應。所以，他又開始撿起他的「法官夢」 —— 參加了司法考試以及考慮公務員。如果他目前的職業順利，我想他的「法官夢」會一直被藏起來；二是即使他現在去追逐他的「法官夢」，今年他已經 32 歲了。他雖然還具備考國考的條件，就算他考過了，他目前僅有的基礎是文憑和執照 —— 目前沒有從業經驗。而相對於其他一些競爭者，也許有法律系剛畢業的學生就參加了司法考試以及國家考試，那麼對方可能會比他提前 10 年進入這領域。職業生涯也就 4 個 10 年左右。當然，不是不可以選擇，只是選擇這條路要想獲得一定的成就，必須要比常人付出數倍的努力 —— 他需要把那 10 年給補回來；三是他在目前的行業累積 7 年，而且做得還算不錯，只是遇到一些瓶頸。所以最合理的選擇還是專注於現有行業去提升自己、突破瓶頸。後來，他還是勇敢地辭職了，去了一個律師事務所做了幾個月，但又回到了物流行業。

還有一位諮商者，她之前有一個理想就是要學舞蹈、當舞蹈教練以及創辦一家舞蹈培訓公司。因為父母很傳統，所以她的想法一直被壓抑著，上大學期間，參加了一個短期的舞蹈培訓，然後參加舞蹈比賽並獲了獎，她自己覺得那段時間是她人生過得最快樂的時候。但是畢業之後，因為工作、感情等現實的問題，她一直想去學舞蹈，也想從事這方面的職業。但是她又顧及父母的感受。所以一直在理想和現實之間糾結 —— 內心有個聲音在呼喚，我要學舞蹈，但是自己又不得不面對現實，家裡的經濟條件普通，父母覺得學舞蹈有點不務正業。所以她就這麼糾結了好幾年 —— 這幾年幾乎沒有花時間在自己的理想上，所以感覺這幾年過得不快樂。

對於她來說，只參加了一次短期的在校舞蹈培訓，要想在舞蹈的領域從事這方面的職業會很難，所以直接放棄她的專業（她是學英語的，目前在一間外貿公司做業務 2 年多）不太現實。雖然她自己覺得有這方面的天賦、自己想去追逐她的舞蹈夢。但是有天賦還遠遠不夠，還需要投入時間去累積，尤其是舞蹈，需要從小開始練 —— 練身體、練基本功等，而且隨著年齡的增加要練舞蹈基本功會更難。

對於我們成年人來說，在現實與理想之間，更需要根據個人的情況做出合理的選擇：例如上面這位諮商者，可以把自己的理想作為業餘的興趣；她也可以邊工作邊利用業餘時間去學舞蹈或兼職從事這方面的工作，也許有一天就可以真正從事自己喜歡的職業；當然，如果她有足夠的勇氣，也可以放棄目前的職業去追逐自己的理想（這需要非常大的決心，而且需要好的心態、願意去付出 —— 因為進入一個自己沒什麼基礎的新領域，需要較長的時間累積才可以擁有自己的核心職業技能，例如我自己花了 3 年多的時間在職業生涯規劃的領域累積，才開始做收費諮商）。

對於大多數人來說，具體如何去選擇需要跟從自己的內心。喜歡冒險的人通常會選擇不顧一切地去追求理想；比較理性的人會選擇在現實的基礎上去追逐理想；比較安逸的人會在現實的過程中逐漸遺忘自己的理想。

大多數人的職業不成功並不能歸咎於才智平庸，也並非單純的時運不濟，往往是因為不能一貫地保持健康的心態。通常嚇退我們的挫折，不是其真的有多麼了不起，而是我們的心態早早繳械投降了，長此以往必然會一蹶不振。

所以，聽從你內心的聲音，不要等待，不必糾結。眼前看似一切正常的可以給你水波不興般的穩定人生，但你的人性卻逃脫不掉無所不在的桎梏，也無法奢望解放天性的自由。

迷途職返

賈伯斯（Steve Jobs）曾說：「要創造偉大的東西，就要不懼失敗。如果你真的知道自己在做什麼、自己想要什麼，那麼哪怕一敗塗地也要放手一搏。」

每個人都渴望成功，但一旦成功的希望渺茫時，我們若就此放棄而不放手一搏，成功的可能性也就不復存在了。如果珍惜每一個希望，哪怕是最微小的希望，把它們都當作上天對你的眷顧，最後無論是取得成功或是遭遇失敗，你都會心存感激、輕鬆釋懷！

Chapter5

唯有浴血奮戰才配得上榮耀

——成功總要拐幾個彎才來

正因為成功沒有想像中那麼容易，追逐的過程才更加令人著迷，甚至令我們傾注整個職業生涯去追尋。職業生涯這趟人生的列車，不是幾分鐘就到達目的地，成功沒有捷徑，你不僅要端正態度、拔除毒瘤，更要培養你的核心競爭力。

現在開始，許自己一個了不起的未來，不再做迷茫和失敗的人！

1. 在職場拐彎處，留給你的機會並不多

職業生涯，說長不長，說短不短。

職業生涯沒有回程票，一旦踏上這趟列車，旅途就此開始。

先好好想想在職場的某個拐角處，你將做何選擇，如何把握住機會。

有人說，機會是上帝的別名。它是公平的，或多或少地都會來到每個人身邊。

區別就在於，有些人在苦苦等待機會，有些人在不斷創造機會；有些人茫然無知，有些人發現了；有些人抓不住，有些人抓住了。

職業生涯不能倒帶，機會只有一次

狙擊手這個頗具神祕感的職業，在戰場上需要像一部機器般絕對冷酷無情，令人膽寒，並且可以「精密」地一槍斃敵於百尺之外。如果兩個狙擊手在戰場上遭遇，對雙方而言機會都只有一次，要麼摧毀對方，要麼被對方摧毀，沒有第二種選擇。

我們在現實生活中也會遇到類似的情況，有些機會對你來講可能一生也只有一次，一旦錯過就將遺憾終生，追悔莫及。例如，家門口舉辦的奧運，如果你當時沒有親臨現場，有生之年可能也不會再躬逢其盛了。同理，在人的一生中諸如愛情、家庭、事業、財富

等方面，可能也只有唯一的絕佳機會出現在你面前，你把握住了，或許會受益一生，反之則可能永不復得。

然而，大多數人在年輕的時候，總覺得機會何其多，對職業生涯中難得的機會懶得理會和努力爭取。但是機會真的會始終眷顧於你嗎？

圖：機會漫畫

時光一去永不回，即便以後你面臨同樣的機會，你的現實年齡和心智程度也不會隨著你的意志而發生變化，能否把握住再一次的機會不說，恐怕你已經喪失了去爭取和開拓的雄心壯志。

有些時候，機會只有一次。

正因如此，我們在職場拐彎處，在做出選擇的一刻，都要倍加謹慎。

1. 職業生涯如時光般不可倒流，慎重選擇

職業生涯何其短暫，在時光的長河中就如同過眼雲煙，稍縱即逝。

職業生涯不會倒流，並且每一天都在更新，遑論年與年之間的人生跨度，如果你用時光去殉葬平庸，那將是人生最大的悲哀。在奮鬥的年代損耗的時光，才不負職場這趟旅行。

不能倒流的職場人生，即使你用再多的財富也換不回來，但只要你腳踏實地活在追求夢想的路上，就能展現自己人生的最大價值。

2. 選擇的同時也意味著放棄

職場每一個拐角的選擇往往只有一次機會，所以你選擇一條路的同時就意味著放棄其他的路，畢竟魚與熊掌不可兼得，如果你選擇繁華就要放棄清靜，如果你選擇充實就要放棄閒散。選擇和放棄這兩個矛盾體卻又像雙生兄弟一樣彼此如影隨形。選擇可以說是職業旅途上停泊過的港灣；而放棄則是職業旅途上美麗的風景，只有顧全大局、簡單從容地放棄才能獲得最想要的人生。

3. 留給你的機會並不多，失去便不可重來

職場中各式各樣的機會比比皆是，但有的機會在人的一生中卻只會幸運地出現一次，錯過即永遠失去，終生無緣復見。因此，當機會垂青於你時，你不僅要敏銳地察覺到，更要奮力一搏，千萬莫要辜負它。

在職場拐彎處，就是這樣狹窄，要麼朝左走，要麼朝右走。選擇了左，你就永遠不知道右邊有怎樣的風景和收穫；選擇了右，你就永遠不明白左邊的精彩和快樂。

無論向左走、向右走，都要給自己一個無悔的職業生涯！

透過上面的分析，你需要給自己足夠的動力去奮鬥。

表：動力的三個層次

動力的三個層次	
層次	分析
避死求生	這是人的一種本能，當我們遇到生命危險的時候，我們會盡一切可能讓自己避免死亡、獲得生存。所以活著就是一件幸福的事情，活著表示「我還存在」，活著表示我們至少還存在求生欲望。
遠離痛苦 追求快樂	很多人都有玩遊戲的習慣，是因為遊戲可以給我們帶來暫時的快樂，但是在工作期間，大家一般都不會玩遊戲（工作期間玩遊戲很容易被炒魷魚），因為我們需要工作一如果沒有工作，可能沒地方住、沒東西吃等，這樣就會很痛苦。 遠離痛苦是一種推力——是動力、是起點，追求快樂是一種吸引力——是目標、是終點。遠離痛苦是暫時的（人不可能總是受到危害或身處困境）但力量是巨大的（很多有成就的人都是出生寒微，為了逃離貧窮、逃離困境，他們充滿了力量，例如李嘉誠、王永慶）；追求快樂的力量雖然遠不如遠離痛苦的力量大（因為我們還活著）卻是永恆的（我們都希望長生不老、希望自己一生快樂）。所以從這個意義上來說，人生就是追求快樂和遠離痛苦的總和——是追求快樂和遠離痛苦這兩股力量共同作用的結果。遠離痛苦比追求快樂更具有行動的爆發力。所以你之所以還沒有行動，很多情況下，並不是我們沒有想法、沒有希望，而是還不夠痛苦。就如你還沒有規劃，是因為迷茫還不足以讓你非常痛苦。
有愛	即幫助自己的家人遠離痛苦、追求快樂。對於已經結婚生子的朋友來說，這點應該非常有體會。很多父母之所以努力工作，是因為他們希望自己的孩子可以過的好一點、希望自己的孩子遠離貧窮、遠離生活的痛苦，其本質是因為每一個父母都愛自己的孩子；另外，我們都希望我們的父母都健康快樂、不要生病等，是因為我們怕他們痛苦、不快樂也會擔心他們生病給自己帶來痛苦。所以如果你缺乏行動力，就好好想想你的孩子或你的父母，他們也許因為你不行動、不去努力而痛苦、缺乏快樂。另外有一些輕生的朋友，他們之所以選擇離開人間，是因為他們沒有意識到——他們的離開會給自己的父母會帶來多麼大的痛苦。

把握機會，管理好你的時間

時間就是你的生命，時間不管理好就會被浪費——浪費的是你的時間，流失的是機會。

請完成下表：

表：管理你的時間

管理你的時間		
三大目標		
你的目標	人生目標	你的志向：
	職業目標	1年內的：
	最近3個行動目標	①
		②
		③
針對自己3個行動目標——你有怎樣的行動計劃。		①
		②
		③

如下圖所示：所有的事情都可以分為四類：重要又緊急、重要不緊急、不重要卻緊急和不重要也不緊急。

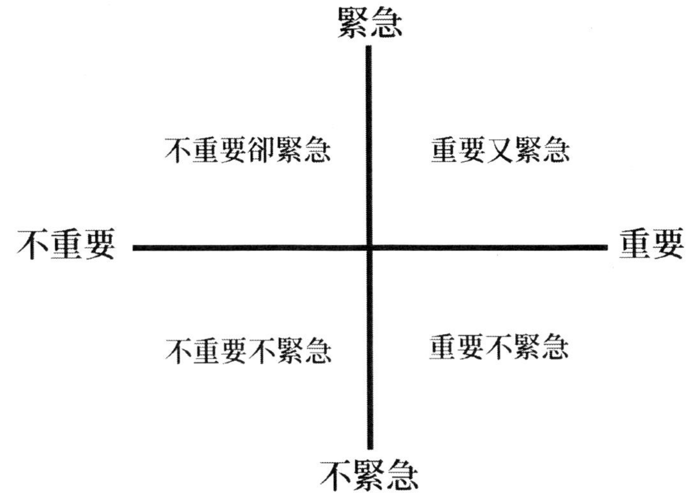

圖：時間管理的四象限

要管理好時間，你首先需要明確，什麼事情對你來說是重要的。

當你清楚什麼對自己重要，你才會分配更多的時間去做這些重要事情。

為了更清晰什麼是重要的事情，你可以把時間分為兩大類：

一是工作時間，二是休息時間。

工作時間 —— 與工作有關的事情是重要的，與你的職業目標一致的事情是重要的；休息時間 —— 可以讓你的生活更好的事情就是重要的事情。例如，吃飯的時間，吃飯是最重要；睡覺的時間，睡覺是最重要；與家人在一起的時候，要享受親子時光。

在休息的時間裡，不要忘記安排時間去學習 —— 有人說，晚飯後的 2 個小時對一個人的職業和人生有重要的影響，如果你用這兩個小時去閱讀，你就會獲得成長、你的人生就會不一樣。

重要的事情要多做、要不斷地做，不重要的事情要少做，最好不要做。重要又緊急的事情現在立刻就做，不重要不緊急的事情（和你沒什麼關係的事情） —— 千萬別做。

成功的人經常做重要不緊急的事情，重要不緊急的事情做多了，就會預防重要緊急的事情發生 —— 重要緊急的事情會比較少。

比較成功的人經常做重要緊急的事情，因為大部分時間只做重要緊急的事情 —— 總是在忙碌，所以沒有很多時間做重要不緊急的事情 —— 例如思考、規劃未來等。

不成功的人經常做緊急不重要的事情，無聊的人會經常做既不重要又不緊急的事情。

每個成年人都有自由選擇的權利 —— 你可以做如下四種選擇：

表：你的四種選擇

你的四種選擇	
選擇	具體行動
現在開始做某些事情	想做值得做卻一直沒有做的事情——從現在就去做。
現在開始停止做某些事情	不想做不值得的事情——從現在開始停止去做。
現在開始多做某些事情	重要的事情——從現在開始要經常做、持續做。
現在開始少做某些事情	不重要的事情盡量少做。

也就是說，無論何時你都可自己選擇做與不做某些事情，或多做還是少做某些事情。

所以，你不僅需要明確的人生、職業和行動目標，還需要透過時間管理達成目標，最終才能與那朵名為成功的彼岸花不期而遇！

迷途職返

有時一次機會就可以奠定一番霸業。然而，英勇如力拔山兮氣蓋世的西楚霸王項羽，也會因為沒有把握住鴻門宴這一關鍵的機會剷除勁敵劉邦，最終「一失足成千古恨」，飲恨烏江畔。對項羽而言，鴻門宴這次機會是萬萬不可失去的，一旦失去便不可重來。

2. 當你決定混日子的時候，其實是日子在混你

曾和幾位諮商者聊天，聊到近況，發現很多人都會下意識地說道：「就是混日子吧！」

你是否也曾下意識地說過，其實這就是你職業生涯的真實現狀！

但請回過頭來仔細想想，你的日子真的是用來混的嗎？

曾看到過這樣一句話：「當你認真對待生活的時候，才值得被生活認真對待。當你在渾渾噩噩的時候，是否有想過，當你決定混日子的時候，其實是日子在混你！」

「願時光不負努力，青春不負自己！」

想起一段歌詞「願時光不負努力，青春不負自己！」

即便你根據前面總結的方法做了一系列職業生涯規劃，最終也未必會達成目標。因為現實中總是布滿這樣那樣的問題，給予你未能實現夢想的種種藉口。

網路上有這樣一段話：

「18 歲讀大學，問你的理想是什麼，你說環遊世界；22 歲讀完大學，你說找了工作以後再去；26 歲工作穩定，你說買了房以後再說；30 歲有車有房，你說等結婚了再帶老婆一起去；35 歲有了小孩，你說小孩大一點再去；40 歲孩子大了，你說養好了老人再去，最後，你哪兒也沒有去。」

當你一直以為是時間和現實的問題中斷了自己前進的腳步時，卻唯獨沒有意識到是自己的行動出現了問題。

然而，太多人總是熱衷於談論夢想，寧願把夢想當作對死氣沉沉的慰藉，也不去付諸行動。

職業生涯裡，並沒有太多的日子拿來混。生活中太多人，總是為自己的未來設定這樣那樣的目標，並想像實現這些目標可能會遇到的困難，看上去深思熟慮，卻缺少行動的能力，到了最後終究是「混日子」罷了！

圖：「混日子」漫畫

也有許多人明明懷揣著目標，卻從來未曾認真地去努力嘗試實現。

想要實現夢想，就必須為之付諸足夠的行動，持之以恆、堅持不懈。那些在各自領域中取得成功的人，從不會等待和拖延，更不會「明日復明日」地混日子。

2009 年，一個小夥子選擇透過「搭順風車」的方式去德國柏林看自己的女友，在完全依靠陌生人幫助的情況下，他和夥伴一路藉助「搭順風車」，兜兜轉轉跋涉了 1.6 萬多公里、途經 13 個國家，穿越了中國、中亞和歐洲，最終到達柏林見到了自己朝思暮想的女友。

後來這件事還出過一本書，叫《搭車去柏林》。事件中的主角說過這樣一句話：「有些事，你現在不做，永遠也不會去做。」

不要混日子，行動才是最強大的力量，它是夢想最高貴的呈現。

1. 獨立思考

行動力卓越的人，根本不會被別人的意見所左右，因為他們每時每刻都在行動的路上，無論碰到何種問題，他們都能夠想辦法透過自己動手或主動尋求幫助來解決，而絕不會坐以待斃或把希望寄託在別人身上，等別人來為自己解決問題。

你要具備獨立思考的精神，多花點時間思考一下自己想要追求的是什麼，內心深處的夢想又是什麼。不要輕易被別人左右，人云亦云，這是認真對待每一天，實現職業理想的開始。

2. 立刻上路

當周圍的喧囂退去，你曾否認真思考過，有哪些事是你明知道不可為，或只需要稍稍做出改變就能夠使生活的現狀得到改善卻遲遲未做的。你是否想過，從明天起就摒棄掉生活中的壞習慣，若是想過，就應該立刻去付諸行動。不要再讓生命中那些錯誤的認知束縛自己的手腳，拖延你向前邁進的步伐。

事實上，無論多麼詳備精密的計畫，只要不經實施，都只會像「海市蜃樓」般虛無縹緲、毫無作用。所以，如果你的腦海中冒出一些想法，確定想要去做某件事情，就不要猶豫太多太久，立刻上路！

至於能否取得成功，學過多少、想過多少、說過多少都不占主導地位，只有做過多少是決定性的。想法不落實到行動上是無濟於事的。

一切沒有真正付諸行動的夢想，都只能停留在「夢想」最初的階段。

這個世界不會因為你才華滿腹、胸懷夢想，就讓你輕易夢想成真；也不會因為你激情洋溢、敢想敢為就給你無數的機遇。

我們每個人都有一條只能向前走的路，叫作時光，而不是「混日子」。

在這瞬息萬變的世界，未來並不能夠預測。

當別人在夢想的路上為了自己的未來辛苦打拚的時候，依靠著父母的庇蔭，在舊體系中安逸度日並不保險。

畢竟，若是人為地與這個社會的變革脫節，一旦環境發生變化便很難適應，最終被時代拋棄。

你混日子，實際上你混的是自己！

迷途職返

人生如逆水行舟，不進則退，只有對自己的人生不將就，才能變得更優秀，對夢想不將就，它才會給你豐厚的回報。

所以，你原本可以過上更好的生活。

千萬不要在奮鬥的年紀選擇了安逸。多一點踏出去的勇氣。

3. 與工作談戀愛，逃避是最無用的藥方

有這樣一位諮商者，她在大城市上學後，留在當地工作了 3 年多，沒什麼起色，因為家人在南部，於是回到了南部的 A 市，在 A 市工作了一年後，因公司需要調到 B 市，在 B 市工作了 3 年，職業有所發展，但是沒有形成自己的核心競爭力 —— 做銷售為主，但是銷售能力一直沒有突破，業績一般。另外在人際交往上，一直沒有建立起自己的人脈圈 —— 沒什麼朋友，如今還是一個人過。於是，她又換到了中部的 C 市工作 —— 她想「換個地方也許會好一些」。然而，到 C 市工作了大半年 —— 自己的工作和生活一樣沒有什麼改善：工作上業績沒有突破，人脈上，還是沒有朋友 —— 每天是公司、宿舍兩點一線的生活。

在找我諮商時，她又想換城市 —— 去大都市工作，她覺得大都市會有更多的機會、會結交到更多的朋友。

大家試想一下，如果她去了大都市，她的工作和生活會有突破嗎？

很難！

在南部 A/B 城市沒有面對問題、解決問題，到中部 C 城市問題繼續存在。

如果去了其他大都市，問題還是存在 —— 她從一個城市換到另外一個城市，只是在逃避。另外，從職業生涯規劃城市定位的角度來說，不斷地換城市，人脈圈更難建立和維持。

小學的時候，我們學過一個故事 —— 叫掩耳盜鈴，逃避問題猶如這樣，鈴聲不會因為自己捂住耳朵，別人就聽不見 —— 問題不會因為自己逃避就會被解決。

所以，遇到問題、遇到困惑最重要的是先要積極面對，有勇氣面對才是解決問題的開始，然後是分析問題 —— 問題的根源在哪裡，是什麼原因導致了問題的存在？

工作上沒有突破，首先是職業選擇的問題（方向不對，再努力也可能會是事倍功半，所以說選擇大於努力，做對的事情才會事半功倍）—— 是否選擇了適合自己的職業，她最初選擇的動機是「想透過做銷售來提升自己社交和表達能力」。

職業選擇的基礎是要發揮自己性格的優勢而不是為了改正自己的缺點。

所以，這麼多年，她一直在做不適合自己的職業，所以職業上沒法突破很正常；如果工作選對了，那就是職業態度和能力的問題，一般來說，只要職業態度端正，專業能力會隨著時間的累積而不斷提升 —— 提升的速度和你學習、實踐的努力程度成正比，因為能力都是透過學習、實踐和領悟得來的，都是從不會到會累積而來的。

有人做過這樣的一個統計，如果把英文字母 A 到 Z 分別編上 1 至 26 的分數（即 A = 1，B = 2，C = 3……Z = 26），結果是知識（Knowledge）得到 96 分（11 + 14 + 15 + 23 + 12 + 5 + 4 + 7 + 5 = 96），努力（Hard work）也只得到 98 分（8 + 1 + 18 + 4

＋ 23 ＋ 15 ＋ 18 ＋ 11 ＝ 98），但態度（Attitude）得分為 100 分（1 ＋ 20 ＋ 20 ＋ 9 ＋ 20 ＋ 21 ＋ 4 ＋ 5 ＝ 100）。

可見，你生活的態度才是左右你生命的最重要的因素！

所以，不管你遇到任何不如意的事情，請用積極樂觀的態度去面對！

我非常喜歡勵志人物約翰·庫迪斯（John Coutis）在演講中說的一句話：「不管你有多麼的不幸，總有人比你更不幸。不要總是看到自己沒有的，要看到自己擁有的，然後用自己擁有的去追求或創造自己想要的。」

在我們人生或職業生涯中遇到的問題和困惑通常有三種類型：

職業生涯中可能遇見的三種類型的困惑

困惑分析：

自己獨立可以解決的，例如職業態度的問題，只要自己積極主動就可以獨立解決。而且獨立可以解決的問題，也只有你自己才可以真正解決。

需要別人協助才可以解決的，例如職業困惑的問題，在你的學習成長的過程中，你沒有接受職業定位、職業轉換、職業診斷、職業定向等內容的教育和培訓，所以極大多數人都沒有能力解決自己的職業困惑。

另外，遇到這類問題，我們首先需要有一個觀念 —— 專業人做專業的事情。自己不專業就要花錢請專業的人士幫忙解決，就如一個人生病了需要花錢去找醫生或營養師來治病和調理；自己沒辦法解決的。

或者是人力不可為的，例如大地震導致親人的離去。

表：職業生涯中可能遇見的三種類型的困惑

職業生涯中可能遇見的三種類型的困惑	
困惑	分析
自己獨立可以解決的	例如，職業態度的問題，只要自己積極主動就可以獨立解決。而且獨立可以解決的問題也只有你自己才可以真正解決。
需要別人協助才可以解決的	例如，職業困惑的問題，在你的學習成長的過程中，你沒有接受職業定位、職業轉換、職業診斷、職業定向等內容的教育和培訓，所以極大多數人都沒有能力解決自己的職業困惑。 另外，遇到這類問題，我們首先需要有一個觀念——專業人做專業的事情。自己不專業就要花錢請專業的人士幫忙解決，就如一個人生病了需要花錢去找醫生或營養師來治病和調理；
自己沒辦法解決的 或者是人力不可為的	例如，大地震導致親人的離去。

不管是遇到那類問題，我們首先需要去面對，積極去面對、勇敢去面對——這是解決問題的關鍵。如果逃避只會讓自己進入一種惡性循環的窘境。當你勇敢去面對問題，問題就不再是問題了，如果是自己可以解決的，你就可以盡快去行動；如果需要他人協助的，你就可以找專業人幫忙；如果是人力不可以解決的，你就需要坦然接受！

與工作談戀愛，用愛的態度去工作

在諮商中，經常有人說：「只要遇到我喜歡做的，就會用心做、我相信一定可以做得很好。」

真的會這樣嗎？

大多數人都應該有過戀愛經驗。戀愛之初，你都會喜歡對方。當時，你也會這麼想，你會對對方好一輩子。因為你喜歡對方，你願意付出……例如熱戀的時候，很多男生都願意起早去給戀人買早點，只要戀人喜歡的，都會盡量去滿足。可是，這樣的付出能夠堅持多久呢？通常都不會堅持太久。

為什麼是這樣呢？因為你喜歡誰，你只是看到了對方好的一面。

例如，你喜歡某個女孩，因為你覺得她對於我們來說有魅力，也許是因為她漂亮、也許是因為她有愛心、也許因為她很聰明等。但是，你不得不承認，你喜歡對方是有條件的。

例如，希望和對方親吻、擁抱等。總之，你都希望得到才願意去付出。喜歡僅僅停留在為得到而付出的層面。但是對方一旦拒絕你，極大多數人都不會再去付出。

而愛不一樣，有的男生即使女孩子拒絕他了，他也願意無私去付出。這種人雖然很少，但卻是存在。當然，愛不僅僅存在於愛情之間。世間最偉大的愛莫過於父母對孩子的愛。我們當中應該有不少已經是為人父母了。我們都願意不要回報地去為孩子付出。

所以當你喜歡某種工作時，並不能真正讓你去持續付出。因為你喜歡的只是這個工作優點或這個工作所帶來的好結果。

但是，如果你愛上了某種工作時，做這樣的工作，即使不給你回報或者回報很小，你也願意全心全意去付出。做這樣的工作，你就會有一種非常好的心態，因為你知道只有付出才可以得到，你需要先捨後得，如果不捨就會不得。

婚前熱戀的感覺不是經常有，婚後的平淡才是生活的本質。婚姻要持久，必須要夫妻雙方懂得付出；職業要長久也需要你去付出；你做一份新工作時也許也會有熱戀的感覺，但是任何工作做久了，其核心都是簡單有效的事情重複做。關鍵是你要愛上你的工作。

熱戀中的人都不會輕易討厭對方，可是婚後，為什麼有那麼多人離婚呢？你面前的人還是以前的那個人，只是你的心態變了。婚前，你看到的是對方的優點；婚後，你看到的是對方的缺點。如果你再把對方的缺點跟同性中其他人的優點去比較，你會覺得對方一無是處。其實對方的優點還在，只是你把自己的注意力聚焦在對方的缺點上了。

1. 心態是好的，工作就不會差

工作也是一樣，你當初喜歡這份工作，是因為你只看到工作的優點或看到工作給你帶來的好處 —— 例如，工作環境好、工作待遇不錯等；你沒看到工作中會存在這樣或那樣的困難。後來，你越來越討厭這份工作。是因為你只是放大了這個工作的缺點。任何工作都不可能讓你 100%滿意 —— 有優點也一定有缺點。所以關鍵是你的職業心態。你的心態是好的，你的工作就不會差。

2. 愛上你的工作，接納最大缺點

要想愛上你的工作，你就要學會接納工作的最大缺點。就如你之所以討厭自己的愛人，是因為你沒有真正從內心深處去接納愛人的缺點，尤其是愛人的最大缺點。如果你可以接納最大的缺點，你就會很容易接納小的缺點。所以，你可以把你工作中最大的缺點找出來，如果你確實不能接受，那你要儘早去換別的工作 —— 免得自己受罪；如果你可以接納最大的缺點。那你從今往後就不要再去抱怨，而用心去做好你的工作、愛上你的工作。

3. 態度也是有層次的

請你回答下表中的問題：

表：關於態度的自我測試

關於態度的自我測試	
假如你是某公司的一名員工，你現在換位成為這個公司的老闆，作為「老闆」希望從事你現在這個職位的員工是怎樣的，把你的希望寫下來！	你希望：
把你希望的和現實的你對照一下，還存在哪些差距。	差距：
對於你目前的職業，有哪些好的職業態度？有哪些需要改進的？如何去改進？	①好態度： ②需要改進的： ③如何改進：

態度好是做事情積極主動，態度好的得分為 80 至 99 分，所以即使同為態度好，也會不一樣，因為你可以得 80 分、也可以得 90 分、95 分等。為了進一步區分態度好 —— 態度好分為三個層次。

表：態度的三個層次

態度的三個層次	
層次	內容
積極主動做好分內之事	成為一名合格的員工，這樣的員工也許別人不會喜歡你，但是不至於讓人討厭你。雖然得分不能得滿分但是可以得 80分，也屬於態度好的員工。
積極主動做好分內之事外還積極主動去幫助身邊的人	成為一個公司受歡迎的人，這樣的人應該來說，已經非常優秀了，不過，因為還有更高層次，所以這樣的員工得分可以為90分。
積極主動做好分內之事、積極主動去幫助身邊的人外，還能夠關注行業的發展並結識一些行業菁英	還會利用自己的業餘時間不斷去學習提升自己的綜合素質和能力。這樣的人才是最優秀的人，他不只是把自己定位成一個好員工，他會以老闆的心態去工作，因為他希望自己有一天也可以成為一個企業主。

可見，即使態度好也是有層次的，你的定位決定了你的層次，如果你定位自己成為一名好員工，你就會成為一名合格的員工；如果你定位自己成為公司最優秀的員工，你就會有優秀的表現，如果你定位自己成為行業內的人物，你就會用最高標準來要求自己！

迷途職返

你以什麼樣的態度去對待工作，你就會具備相應的能力。如果你以最高的標準、最好的態度去對待自己的工作、自己的未來。你就可以成為行業的頂尖人物。

4. 人人都想遠離職業失敗，但核心能力的培養不是兩三天

蘇芩說：

「別那麼多懷才不遇的抱怨，那說明你的能力還撐不起你的野心！」

多少好苗子都敗在了眼高手低。

別老羨慕人家有我行我素的資格，我們得先像傻子一樣苦幹，才能像瘋子一樣任性！

如果你想要在職業生涯中走得更遠，必須要有能靠得住的東西。

金錢？權勢？人脈？

三者都不全是。

唯有你真正的核心能力才是最實用、最長久，最靠得住的東西，因為它永遠不會被「偷」走。有一天，即使你的身外之物全部被掏空，只要你的核心能力還在，你就可以從頭再來，再一次開疆闢土、創造屬於自己的職業王國。

法國著名美女作家法蘭索瓦絲·薩岡（Francoise Sagan）在 17 歲那年就寫出了在 5 年內被譯成 22 種語言，全球銷量高達 500 萬冊的著作《你好，憂愁》（*Bonjour tristesse*），文字老練，表達流暢自然 —— 這就是她核心能力的展現。

想要遠離職業失敗，獲得成功，只有規劃是不行的，你還需要培養自己的核心能力，或者說是核心競爭力。

遠離失敗的職業內力

在這裡跟大家分享一個新的概念——職業內力。

如下圖，職業內力包含三個要素——性格優勢、理論知識、實踐技能。

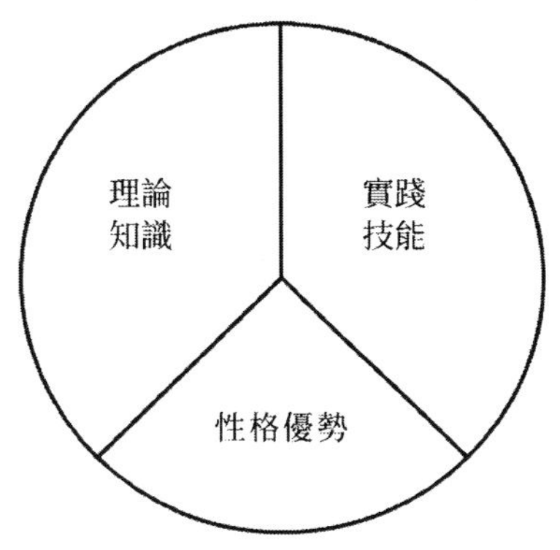

圖：職業內力三要素

1. 性格優勢

性格優勢指的是一個人天生就具備的，並經過後天塑造形成的一些相對競爭優勢。

例如，有的人善於思考，有的人善於溝通，有的人善於傾聽，有的人善於執行，有的人善於觀察，有的人善於創新，有的人善於開拓，有的人善於維持。要想形成自己的職業優勢、增強自己的職業內力，其關鍵是先要明確自己的性格優勢——你適合做什麼，你做什麼可以比一般人做得更好。如果你的職業是建立在自己的弱勢上面，那你的職業將會很難發展，如果讓一個喜劇演員去搞科學研究，猜想他堅持不了幾天，同樣的讓一個科學家去演戲，也會很尷尬。

那麼，如何去發現自己的性格優勢呢？

生命本身就是一個奇蹟。每個生命體都是母體無數卵子中的冠軍和父體數億精子中的冠軍的結合體受精卵發育成長起來的。所以每個生命都是冠軍中的冠軍。世界 80 多億人口當中，找不到兩個完全相同的生命個體 —— 如果有兩個完全相同的生命體，有一個必是多餘的。所以我們都是獨一無二的、都是很特別的、都是與眾不同的，因為生命具有獨特個性才會突顯出生命的價值、才會顯得有魅力。所以不要把我們自己和他人進行比較 —— 這樣會降低自己的原有價值。

每一個生命的父母都是唯一的。每一個生命都會透過遺傳獲得天賦和劣勢。生命需要揚長避短，千萬不要因自己的劣勢唉聲嘆氣、怨天尤人、自卑自憐。因為每個生命都有自己的天賦和劣勢。重要的不是天賦和短劣勢本身，而是我們如何看待自己的天賦和劣勢。智者不會去刻意掩飾自己的劣勢，他們會坦然面對並接納自己的劣勢和限度；他們會把注意力聚焦在自己的天賦上 —— 將自己的天賦潛能發揮出來、創造價值、造福人類。生命的獨特性不需要刻意去裝扮，穿著羊皮的狼 —— 牠的本質是狼而不是羊。只要我們展現真實的自我，我們就會自然地散發出獨特的清香和魅力。

至於如何發現自己的優勢，請溫習前面關於「立定志向」的相關內容。當你清楚了自己的優勢後，你就可以根據優勢做職業定位和定向，然後就可以圍繞定位和定向累積知識。

2. 理論知識

知識是沒有重量的，你可以輕易地帶著它們與自己同行，但你的生命是有限的，而知識是無限的，你有限的生命不可能獲取無限的知識。所以你要明確自己的學習方向。學什麼是由職業目標決定的，要實現職業目標，需要學習的知識可以分為兩部分：通用知識和專業知識。

一是通用知識：通用知識就是普通的知識、常用的知識、一般的知識、眾所周知的知識，即「日常知識」。通用知識的學習在於生活中、工作中點滴的累積。只要用心生活、工作，通用知識就容易去累積。例如，與人相處的知識。如果一個缺乏通用知識，他就很難在一個群體裡面發展。

二是專業知識：具體到某一個人要學什麼專業知識需要與他的職業目標相結合。例如，你要成為專業經理人，你需要學習管理；如果要成為某一領域的專業人才，你就需要學習相關領域的專業知識；如果你想成為心理諮商師，就需要學習心理學。專業知識需要花大量時間系統性地學習。例如，大學學習科系專業一般要 3 至 5 年。當然，當你進入社會後，不可能像在學校裡面一樣有那麼多集中的時間去學習，而是需要邊實踐邊學習 —— 利用業餘時間去提升自己的知識，這也是很多人之間最大的差別所在，有的人一直充分利用業餘時間提升自己，所以多年後他們獲得了極大成長，而有的人荒廢了業餘時間，所以人生幾乎是原地踏步。

僅僅學習知識，你的能力會很有限，就如很多人讀了 4 年的大學後，覺得自己什麼都幹不了，是因為比知識更重要的是技能（注重實踐）。

3. 實踐技能

技能也包括兩個部分：

- 通用技能；
- 專業技能。

通用技能是大家都需要用到的技能。例如，說話的能力、溝通能力、電腦使用的基本能力，基本的思考分析能力，基本的寫作總結能力等。通用能力和知識中的通用知識對應；而專業技能是針對某一領域的特殊技能。例如，電腦工程師，他除了要懂得基本的電腦使用，還要懂得如何判斷電腦故障產生的原因以及如何處理電腦故障；網路工程師不僅要懂得處理單臺電腦的故障，還需要處理整個網路的故障；職業生涯規劃師不僅要懂得對諮商者過去職業的診斷——問題出在哪裡？還需要提供解決問題的思路與方案；專業技能與專業知識想對應。

注意：專業知識和專業技能確實很重要，但是如果缺乏通用技能，專業知識和專業技能的應用會受阻！

例如，一個專業人才不懂得與人相處，他就會被孤立、就會得不到重用。這也是很多天才懷才不遇的根本原因。

修煉職業內功，提升職業內力

莫言說：「當你的才華還撐不起你的野心的時候，你就應該靜下心來學習；當你的能力還駕馭不了你的目標時，就應該沉下心來，歷練；夢想，不是浮躁，而是沉澱和累積，只有拚出來的美麗，沒有等出來的輝煌，機會永遠是留給最渴望的那個人，學會與內心深處的你對話，問問自己，想要怎樣的人生，靜心學習，耐心沉澱。」

核心能力的培養不是兩三天，它需要你付出大量的時間和精力去學習。針對上述內容，你可以從以下幾個方面不斷修煉，提升自己的職業內力！

1. 培養你的能力

知識和技能的核心是模仿 —— 把別人的東西偷學過來讓自己會，所以只要用心刻苦，知識和技能都可以學會。

能力是建立在知識和技能的基礎之上，需要結合自己的性格優勢、刺激自己的潛能才可以獲得，能力培養的核心是領悟、創新。

所以，知識和技能是大家的，能力才是你自己的。

知識和技能就像職業的左右手。有了知識做理論基礎，技能就容易去累積；技能的提升促使我們進一步去學習知識。而你天生的優勢才是職業發展的核心 —— 它是職業的大腦。發揮你的優勢才可以培養你自己的能力，這樣我們的職業內力就會很強大。

2. 專注你的核心能力，即核心的職業內力。

專注核心需要懂得交換，有些人什麼都想做好 —— 通常什麼都做不好，因為一個人的時間和精力是有限的，我們只有把自己的時間聚焦在我們的優勢上，並不斷去累積知識、提升技能，我們就會在核心上形成進一步的優勢。

經濟社會就是一個交換的世界，當我們遇到自己不擅長的，就需要藉助於別人的經驗去為自己服務。

最簡單的方式就是用錢去獲得你所想要的。這是最小的投資——我曾經聽一個網路行銷專家說「用錢去換別人的經驗是最智慧的投資」。

所以，你需要專注培養自己的核心能力，然後用自己的核心能力去賺錢。

用賺到的錢去交換所要的東西、去滿足自己的需要，而不是分散自己的精力和時間去不擅長的領域傻傻地投入。

對於你來說，你擁有的核心能力是和你專注核心所付出的時間成正比的；相對於他人來說，你專注核心的時間越長，你就越容易在自己的核心能力上獲得相對優勢！在這裡，給大家介紹一個 1 萬小時理論——一個人在某個領域專注投入到 1 萬小時，他就可以成為這個領域的專家、內行。這 1 萬小時不是你按你上班的時間來算的，而是你真正用心投入這個領域去學習、去實踐、去領悟的時間。

總之，你所有的知識和技能都是從不會到會的一個累積過程，從不會到會都是透過學習和實踐得來的。知識透過學習獲得——可以透過自學、培訓和學校教育獲得，通常培訓可以獲得職業資格證，學校教育可以獲得學歷證；技能需要邊實踐邊學習邊思考總結去獲得，知識本身沒有什麼價值，運用知識去實踐創造價值——知識的價值才得以顯現；而能力需要發揮自己的性格優勢去創新和領悟才可以得到。所以要想不斷提升自己的核心能力，就需要做好 3 點：

表：培養核心能力的方法

培養核心能力的方法	
方法	具體行動
做到老，學到老	學校學習不是結束，而是真正學習的開始，學校學的僅僅是知識，進入職場後透過學習、實踐和領悟獲得的是能力。
虛心請教	請教你的上司、同事、行業內的資深人士，尤其是職業初期，我們需要師父去領路。
不斷思考、總結經驗和教訓以及創新和領悟	學到的知識和技能只能讓你成為優秀，而自己領悟到的能力才可以讓你卓越。當你有了能力才容易去累積你的資源。

最後，請認真填寫下表並付諸實踐。

表：培養職業內力的計畫

培養職業內力的計劃	
選擇	具體行動
為了培養你的職業能力，你需要累積哪些知識。提升哪些技能，需要在目前的職位上進行哪些創新？	要累積的知識(含通用、專業知識)：
	要提升的技能(含通用、專業技能)：
	要進行的創新：

迷途職返

當你不斷地學習、實踐和領悟，你就有可能在這個領域出類拔萃、卓越非凡，那你就會變得稀缺、變得超值、變得不可替代！

然而，有很多人在生涯征途的路上，總是抱怨迷茫、沒有方向，抱怨老天沒有給自己一條康莊大道。實際上，這並不是因為沒有方向，而是因為沒有足夠的力量讓自己沿著這個方向大步向前。如果你的能力有限，能力撐不起你的夢想，那就先靜下來，扎進深厚的土壤中，汲取營養。即便不能成為獵豹，也努力成為一隻高貴優雅的麋鹿，起碼人見人愛。

5. 累積資源，在沒有終點的職業旅程上一路向前

當你具備了核心能力，是不是一定可以獲得職業成功呢？答案是否定的。職業成功除了核心能力還不足以讓你形成自己的核心競爭力，還需要有外力。即外部資源。

卡內基曾經說過一個人的成功 15％靠能力，85％是靠人脈關係。

當然，這句話的重點是強調人脈關係的重要性。實際上，如果你缺乏 15%的能力，你的人脈會很難建立，即使有了人脈，你也不見得用得上。例如，職場上有些缺乏能力只喜歡逢迎拍馬的人，他們看上去很善於處理各種人際關係，但是因為自己沒什麼能力而不會被重用，所以能力和人脈都重要，而且是先有能力，後有人脈。職業資源除了人脈，還有一個很重要的資源——就是金錢。例如，你裸辭後有足夠的金錢支撐自己，那麼找工作會比較從容。而很多人辭職後，因為金錢的壓力，導致自己匆匆忙忙找工作——這樣，通常很難找到滿意的工作。

所以，僅僅有能力你不一定可以做成事情，有些事情必須要整合人脈和金錢資源才可以做成。你的實力就是你能力和資源的合而為一。

人脈資源 —— 畫一幅你的職業人脈圖

如下圖所示，你的職業人脈可以分為兩大部分：

圈內的是你企業內部的人脈，圈外的是你企業外部的人脈。

在此我們重點談跟你職業有關的人脈，關於人生的人脈（包括職業人脈和生活中的人脈），我在之前的著作《新規劃》中已經說明過，請閱讀《新規劃》的 107 至 119 頁。

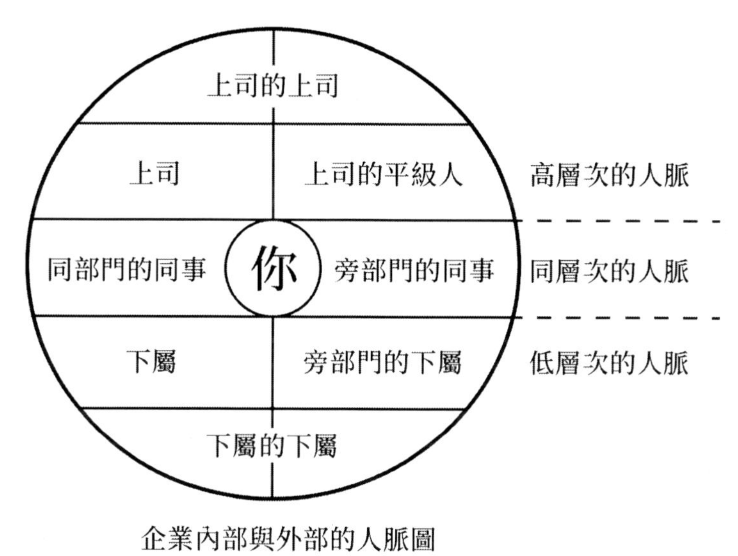

圖：你的職業人脈圖

上圖包含了你職業中的所有人脈。

一般中小型企業的人脈只有三層（老闆、部門經理、普通員工），大一點的企業會有多餘三層的人脈關係。

總之，你的人脈關係都在圓圈以內 —— 你的同級有同部門的同事和旁部門的同事；你的下屬有直屬下屬、旁部門的下屬以及下屬的下屬；你的上司有直屬上司、上司的平級人以及上司的上司。

企業外部的人脈，比較複雜。尤其是，如果你更換過多次工作以後。但是我們可以把企業外部的人脈分為三個層次 —— 高層次、同層次以及低層次的人脈（比自己層次高的為高層，與自己同層次的為同層次，比自己層次低的為低層次）。

除此之外，在你的整個職業生涯中，通常需要三個貴人：

一個人的職業生涯會遇到很多幫助我們的人，但是有三個非常重要的人 —— 我們暫且稱之為貴人！

■ 第一個貴人幫你釐清職業方向的人。

可能是規劃師、行業資深人士等。一個人最怕的就是沒有方向，沒方向那麼到處都是我們的方向，我們就會盲目選擇，就可能像「南轅北轍」的主角一樣，越努力、離自己的目標越遠。「選擇在前，努力在後」。人有了方向，只要我們腳踏實地一步一步往前走，積跬步，就可以至千里！

■ 第二個貴人是領我們入行的師傅。

師傅通常都是你的上司（可能是老闆、部門經理或部門主管）。如果你剛入職的職業有專業基礎（職業與你的專業相吻合，很多人的第一份職業都沒有延續自己的專業去謀職），那麼你就具備了一定的專業知識，但是學校和社會之間有一條鴻溝 —— 尤其是新興的職業，學校學習的知識可能落後行業知識很多年。

所以，入職後需要重新學習、提升自己的專業知識。

當然僅僅有專業知識還不夠，你還需要有專業技能和行業的經驗助你形成自己的核心職業能力。

這些對於一個大學畢業生，通常都不具備。

那麼，你就需要有師傅帶。遇到不懂的你就需要去請教師傅。所以在職場中處理好上司的關係尤其重要。

有一個好的師傅帶你入職、入行、領你前行，你會比別人成長更快。

當然，師傅領進門，修行在個人。除了師傅的帶，你自己也需要努力學習、邊實踐和邊領悟 —— 職業初期，你的成長才是最重要的。

另外，在職業生涯中，你的師傅可能不止一個 —— 如果你進行了職業轉換，你就有可能需要多個師傅領路。

師傅可以提升你的職業技能，而規劃師是幫你發現自己的天賦、找到適合你的職業 —— 讓你發揮自己的優勢，這樣你不僅可以快樂工作、高效工作，還可以快速成長、成功。而這兩個人，通常都不可以合而為一。

■ **第三個貴人是與你職業相似的行業頂尖人士。**

他是你的榜樣、標竿，是你追求的方向。有這樣一個人，你就會有職業方向和動力；如果沒有這樣一個人，你可能會安於現狀、迷失方向。如果你能夠找機會去拜訪這樣的頂尖人士並事先準備一些要了解的內容去請教他。

那麼，他的經驗和教訓會讓你從容面對自己的職業生涯。當然，行業的頂尖人士也不只一個。你可以選擇自己欣賞的那一位！

2008 年北京奧運，斯庫林（Joseph Schooling）只是一個 13 歲的孩子，他見到了自己的心中的偶像美國巨星菲爾普斯（Michael Phelps）並和他合影留念。

經過 8 年的努力訓練，8 年後，他戰勝了自己的偶像，獲得了里約奧運男子 100 公尺蝶泳的金牌。

頂尖人士也是普通人，他畢業的時候和我們畢業的時候都差不多。他之所以可以成為行業的頂尖，一是他有一個正確的職業方向（也許他曾經也有規劃師），二是他在不斷努力提升自己的能力和實力（他曾經也會有師傅）；三是他一定在這個行業專注了很多年！

讀萬卷書，不如行萬里；行萬里路，不如閱人無數；閱人無數，不如名師指路！這三個貴人都是你人生的老師——規劃師為你找到合適自己的路，師傅帶你提升職業能力、領你上路，行業頂尖人士為你職業方向引路！

要建立好自己的職場人脈網，你需要思考三個問題：

1. 你需要誰或者誰可以幫到你？
2. 誰需要你或者你可以幫到誰？
3. 你們之間是否彼此需要？

如果你想在一個企業內生存和發展，你需要思考上面的三個問題。

結合職場人脈圖來分析：

同部門的同事需要相互合作，所以彼此需要，所以有必要經常聯繫；你的上司是你的直接領袖，如果你是初入職場，他還是你的師傅。所以你需要他，當然他也需要你去配合。

如果你已經是一個管理人員——你就會有下屬，你是下屬的領導人、師傅，你也需要下屬的配合。

上面的三種人是你企業內部人脈的核心。

因為他們和你之間的需要是彼此的，而且是當下的。至於其他的人脈關係，你只要去關注就好。

注意，在企業內部不要越級報告或越級管理；也不要在企業內部搞戀愛關係、更不要在部門內部搞婚外情。為什麼不要這樣做，你懂的。

企業外部的人脈，我們現在的通俗說法就是圈子。

通常你的圈子對你的職業影響也非常大，有一句話說的好，你想成為什麼樣的人，你就需要跟什麼人交往，反過來，你經常跟誰交往，你就可能成為他那樣的人。

我的建議是，多跟同層次的人交往；如果彼此有需要可以盡量去和高層次的人交往；盡量減少和低層次的人交往（當然你可以關注，如果你發現潛力股，可以找來幫你）。也許你會想，首選應該是跟高層次的人交往。前面說了，有彼此需要才有人際。你想多跟高層次的人交往，只是你個人的想法，高層次的人一般不會需要你。

所以，不要把過多的精力去建立高層人脈上（如果要介入高層，最好的方法是先和企業內部的高層建立好關係，然後借這些高層引薦你進入企業外部的高層）。

另外，同層次的人經常交流，可以深入溝通、輕鬆暢談。而通常情況下，我們和高層次的人在一起會覺得有壓力，很多想法需要三思而後語。所以彼此有需要才是建立人脈的基礎。

除了上面我們說的——彼此有需要是人際的基礎外，建立人脈、累積人脈有三大關鍵。

1. 專注定位

關於定位的內容，我們已在前面章節詳細討論過。包括定你的志向、定你的工作地點、行業、職位、公司以及設定你的職業路標。

不過，職位、公司以及職業路標隨著職業的發展會有些變化和調整。

但是我們的志向、工作地點、行業盡量不要變，需要專注。

因為這三個方面屬於宏觀的、策略的定位。

例如，你從一個城市換到另外一個城市，你已經建立的人脈一定會隨著時間、空間的變化而慢慢消弱；你從一個行業換到另外一個行業，你之前行業的人脈也會慢慢流逝；例如你之前立志要做一名醫生，工作 5 年後，你要改變你的志向去做一名會計師。

這樣的改變也意味著你要遠離之前累積的「醫學界」的人脈。

所以，需要專注定位，只有專注定位，你的人脈才容易去累積。

如果你的職業發展到一定的階段，可以突破行業和工作地點的限制後，你就可以跨行業、跨區域去發展，如果你覺得自己有更大的志向去自我實現，也可以去突破。

2. 不斷成長

人脈不是主動聯繫出來的，而是我們自身的魅力吸引過來的。你永遠是人脈網的交集點。如果你不行，那麼你就不會被人他人需要或者不容易被他人需要，所以你擁有的可能只是一張空網——對你的職業成功不會有什麼幫助。

所以，擁有能力是建立人脈的根本。要在專注定位的基礎不斷成去長 —— 提升你的能力和培養好的品德，讓自己成為一個德才兼備的職業人。

3. 努力付出

努力付出首先需要有職業化的態度，即要有敬業精神。

如果你連自己的本職工作都不努力去做好、不用心去做好，那你就缺乏建立人脈的基礎。這樣的結果，通常是你很容易被炒魷魚。

其次，你需要有職業化的能力，很多事情，你想做好，但是你的能力有限。

所以，僅僅有好的職業態度遠遠不夠，我們還需要有很強的職業能力。

只有這樣，我們才可以真正做出好的結果來。

最後，你要主動去發現並滿足你需要的人。

這種需要不僅僅是工作上的還包括生活上的。

因為對一個人來說，工作和生活是必不可分的。需要有兩種，一種是情感需要，另一種是利益需要。

在職場上是以利益需要為主、情感需要為輔。利益需要的最終目的是彼此共贏。

例如，上司需要你幫他去完成部門的目標，你需要上司的指導。情感的需要主要展現在關心對方的生活。這樣彼此更容易相互信任。這樣可以加強在工作中的協調配合。

資金資源 —— 管理好你的金錢

如果你已經具備了較強的能力和較好的人脈資源，那麼你就可以賺到不少錢。

但是很多人賺到的錢都被自己亂花掉了 —— 錢不花是紙，亂花錢是廢紙！所以賺到的錢不是不花而是要合理花費，正確消費。

所以你的金錢需要管理 —— 錢少的少花點時間管理，錢多的多花點時間管理。

關於金錢的管理你可以去閱讀《新規劃》的 51 至 59 頁。

最後，請完成下表：行業內的人脈對你的工作有需要；行業外的人脈對你的人生有需要。

表：行業內外的人脈需求

	重要人脈的姓名	你需要他什麼	他需要你什麼	你準備做哪些付出
行業內				
行業外				

迷途職返

有了人脈和錢脈，你才能在沒有終點的生涯征途上一路向前！

6. 給生命更多可能，偏執的人總能最早看見前方的光

在社群上，我看到這樣一個故事。

他 35 歲，曾經是一名很資深的手機硬體工程師——先後在 Sony、Nokia 和 BlackBerry 待過。後來因為 BlackBerry 自己發展不好，更因為行業格局發生了變化巨大的變化。於是，他被裁了。之前絕大部分手機品牌廠商都是要自己設計晶片和電路。所以，他的角色非常重要。但如今手機底層的硬體解決方案，已經不再需要品牌廠商自己做，而是由晶片廠商如高通、Intel 等少數幾家大廠級晶片商，根據需求統一設計好幾套可通用的解決方案提供給品牌商，品牌商們則只需要做好外觀、介面等設計即可。這意味著，各大品牌商已經不再需要他這樣的人。當然，高通和 Intel 是需要的，但高通和 Intel 的相關員工，80%都在美國，整個亞洲地區，對於他這樣的人才需求一共加起來可能就幾百人而已，基本都集中在臺灣，競爭十分激烈。於是，一個在自己的領域裡專注深耕了十幾年時間的頂級手機硬體工程師，頓時沒有了自己的用武之地。他的感覺是自己被時代拋棄了。

他從 BlackBerry 出來後，跟幾個朋友一起創辦了一個美食品牌，因為不懂商業，他做得不好。現在經常出沒於創業小圈子——每週他會跟人聊聊想法，碰撞碰撞思路。但一年下來，他自己還是不知道該從何入手，不知道該去做點什麼。

未來不可預測，給生命更多可能

給生命更多可能，包括對可能性和不可能性的分析。

1. 你有哪些可能？

據了解，在很多外商、大公司裡，像他這樣的人，並不在少數。

所以即使你目前在某個領域做得很不錯，你也需要經常思考兩個問題：

1. 你目前的職業還可以持續發展多少年？
2. 如果你不做目前的職業，你還可以做什麼，或你還可以有哪些可能發展的職業？

如果你之前缺乏職業生涯規劃，那麼 30 歲之後可能會進行一次大的職業轉換。例如我自己在近 30 歲的時候做過一次大的轉換，在 35 歲的時候又做了一次大的職業轉換 —— 開始涉足職業生涯規劃領域。知名的職業生涯規劃師曾說到：

「一般來說，開始主動地、有意識地努力尋找職業錨（簡單的說，職業錨就是你生涯最佳的職業定位）的平均年齡是 35 歲，找到職業錨的平均年齡是 40 歲。我個人覺得隨著時代的發展、網際網路的普及，這個年齡會提前到 30 歲左右。」

當然，每個人的情況都不一樣，做職業轉換的年齡也會不盡相同。但是在職業中期，我們都有可能需要進行職業轉換。所以我們需要有這種意識，需要提前做好相應的準備。不要等到自己被淘汰了，再去盲目找事情做。這樣就會很被動 —— 我們需要提前去做準備、去預防職業危機。要想獲得職業成功，你需要全面衡量，給生命更多可能。即使在伸手不見五指的暗夜，也要努力追尋那一束充滿希望的光亮。

2. 你有哪些不可能？

在 30 至 50 歲這個年齡層，在商業領域是職業成功的高峰期。

大家很容易有這種心裡傾向：成功了，覺得是自己的聰明、天賦、努力獲得的結果 —— 是自己的功勞；失敗了，把失敗的因素歸咎於外在的環境。

例如，10 餘年前，我自己創辦的公司做得很不錯 —— 以為自己什麼都可以做成功，3 年後，竟然直接把營運不錯的公司關掉去做直銷。

事實上，我並不適合做直銷，結果沒做起來。

所以，不要因為自己事業有成就自信心膨脹 —— 以為自己很了不起、什麼都可以做。職業發展有其規律，違背了規律你就會失敗。

人之所以能是因為相信能、一切皆有可能 —— 這只是感性的、鼓勵性的語言。人類 100 公尺短跑可以突破 10 秒，但是不可能在 1 秒之內跑完。成熟的人不僅要清楚自己有哪些可能性，還需要清楚自己有哪些不可能 —— 弄清楚自己的不可能就可以抵制外在的誘惑。

職業成功不等於幸福，了解幸福的真諦

正確評估了你的可能性與不可能性，你就有更容易獲得職業成功。但問題是，職業成功不等於幸福。很多人往往在職業成功的瞬間以為自己獲得了人生中最大的幸福，導致心態失衡。

1988 年 4 月，24 歲的霍華德·金森（Howard Dickinson）是美國哥倫比亞大學的哲學系博士。

他畢業論文的課題是《人的幸福感取決於什麼》（*People's happiness depends on what*）。

為了完成這一課題，他向市民隨機派發出了 1 萬份問卷。

問卷中，有五個選項：

A 非常幸福；

B 幸福；

C 一般；

D 痛苦；

E 非常痛苦。

歷時兩個多月，他最終收回了 5,200 餘張有效問卷。

經過統計，僅僅只有 121 人認為自己非常幸福。

霍華德·金森對這 121 人做了進一步地調查、分析。

他發現，這 121 人當中有 50 人是這座城市的成功人士，他們的幸福感主要來源於事業的成功。而另外的 71 人，有的是普通的家庭主婦，有的是賣菜的農民，有的是公司裡的小職員，還有的甚至是領取救濟金的流浪漢。

這些職業平凡，生涯黯淡的人，為什麼也會擁有如此高的幸福感呢？透過與這些人的多次接觸交流，霍華德·金森發現，這些人雖然職業多樣性格迥然，但是有一點他們是相同的。那就是他們都對物質沒有太多的要求。他們平淡自守，安貧樂道，很能享受柴米油鹽的尋常生活。

這樣的調查結果讓霍華德·金森很受啟發。

於是，他得出了這樣的論文總結：這個世界上有兩種人最幸福。一種是淡泊寧靜的平凡人，一種是功成名就的傑出者。

如果你是平凡人，你可以透過修煉內心、減少欲望來獲得幸福；如果你是傑出者，你可以透過進取打拚，獲得事業的成功來獲得更高層次的幸福。他的導師看了他的論文後，十分欣賞，批了一個大大的「優」！畢業後，霍華德·金森留校任教。

一晃，20 多年過去了。如今，霍華德·金森也由當年的意氣青年成長為美國一位知名終身教授。2009 年 6 月，一個偶然的機會，他又翻出了當年的那篇畢業論文。他很好奇，當年那 121 名認為自己「非常幸福」的人現在怎麼樣呢？他們的幸福感還像當年那麼強烈嗎？

他把那 121 人的聯繫方式又找了出來，花費了三個月的時間，對他們又進行了一次問卷調查。調查結果回來了。當年那 71 名平凡者，除了兩人去世以外，共收回 69 份調查表。這些年來，這 69 人的生活雖然發生了許多變化：

他們有的已經躋身於成功人士的行列；有的一直過著平凡的日子；也有的人由於疾病和意外，生活十分拮据。但是，他們的選項都沒變，仍然覺得自己「非常幸福」。而那 50 名成功者的選項卻發生了巨大的變化。僅有 9 人事業一帆風順，仍然堅持的當年的選擇 —— 非常幸福。23 人選擇了「一般」。有 16 人因為事業受挫，或破產或降職，選擇了「痛苦」。另有 2 人選擇了「非常痛苦」。

看著這樣的調查結果，霍華德·金森陷入了深思，一連數日，霍華德·金森都沉浸在自己的思緒當中。

兩週後，霍華德·金森以《幸福的密碼》（*Happy password*）為題在《華盛頓郵報》（*Washington Post*）上發表了一篇論文。

在論文中，霍華德·金森詳細敘述了這兩次問卷調查的過程與結果。

論文結尾，他總結說：所有靠物質支撐的幸福感，都不能持久，都會隨著物質的離去而離去。只有心靈的淡定寧靜，繼而產生的身心愉悅，才是幸福的真正源泉。

無數讀者讀了這篇論文之後，都紛紛驚呼：「霍華德·金森破譯了幸福的密碼！」這篇文章，引起了廣泛的關注。《華盛頓郵報》一天之內六次加印！在接受媒體採訪時，霍華德·金森一臉愧疚：20多年前，我太過年輕，誤解了「幸福」的真正內涵。而且，我還把這種不正確的幸福觀傳達給了我的許多學生。在此，我真誠地向我的這些學生致歉，向「幸福」致歉。

職業成功是實現既定的職業目標，人生成功是滿足生命的需要。

所以，職業成功不等於幸福。要想幸福，我們需要在追求職業成功的同時去平衡滿足生命的 6 大需要。

接下來，請你根據生命 6 大需要的滿足程度給自己評分（滿分 10 分），並參考下面的左圖 —— 在右圖中把你的評分結果描述出來，並將各個得分點用平滑的曲線連線起來 —— 看看你目前的人生狀態並回答下面兩個問題：

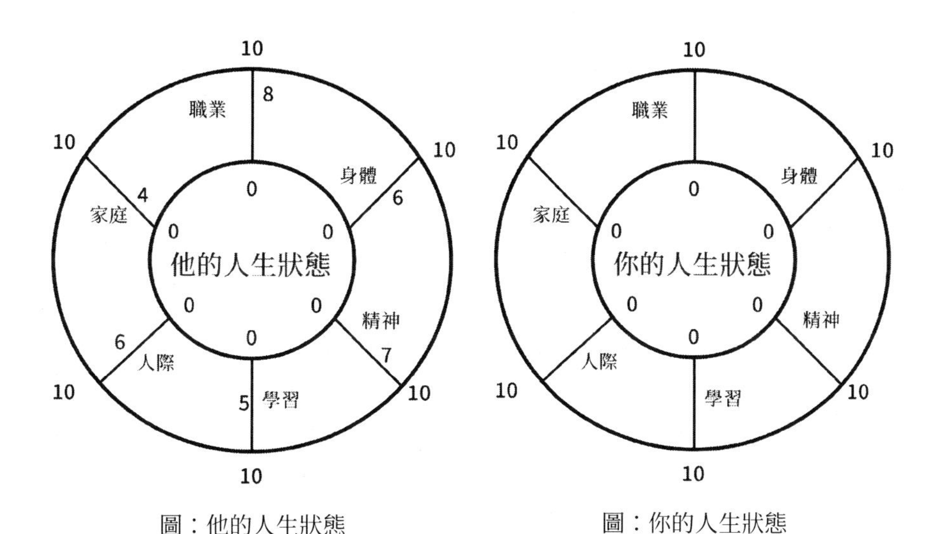

圖：他的人生狀態　　　　圖：你的人生狀態

問題 1.

6 大需要，你有哪幾個方面做得比較好：

問題 2.

6 大需要，你有哪幾個方面需要改進及如何改進：

根據上述問題，為自己描繪一幅幸福曲線圖。

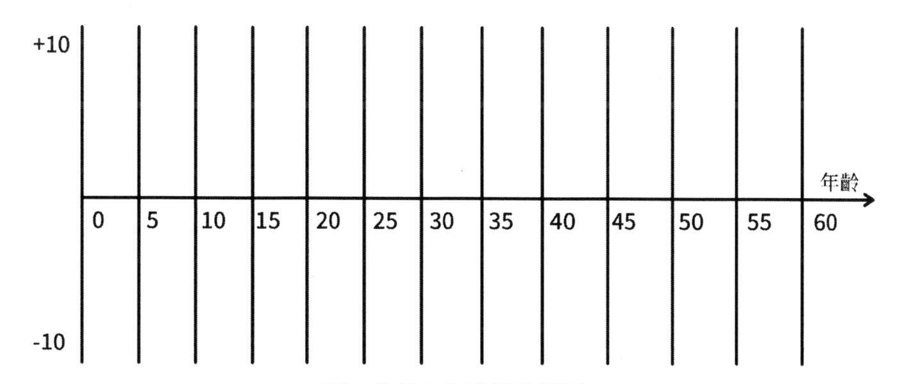

圖：你的人生幸福曲線圖

如下圖，左側＋ 10 和－ 10 分別表示最高幸福指數正 10 分和最低幸福指數負 10 分，圖中的橫座標表示年齡。

下面請根據自己的情況完成以下操作：

1. 在上圖中直線上描繪出自己相應年齡的幸福指數——例如你 5 歲的時候幸福指數是 8，就在 5 歲年齡對應的直線上正 8 分的位置描繪一個點，以此類推——描繪出你人生過去的所有直線對應的點。然後從 0 開始將你人生不同年齡的點用平滑的曲線連線起來。即可獲得你過去人生的幸福曲線。

2. 根據同樣的原理——請你根據自己的設想描繪出你未來人生的幸福曲線。

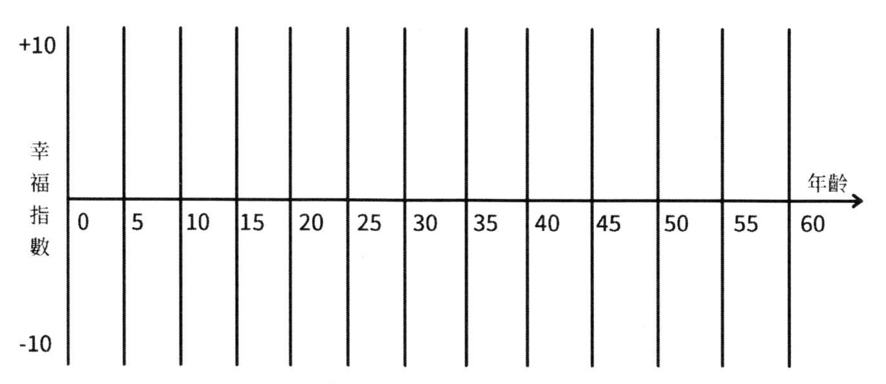

你的人生幸福曲線圖

人生需要平衡去發展，在發展職業的同時，不要忽略你的其他需要。因為生命的需要之間會彼此影響。如果你沒有一個健康的身體，就沒有足夠的本錢去征戰；如果你沒有美好的婚姻和家庭做支撐，你就會缺乏去征戰的動力；如果你沒有充分利用業餘時間去學習成長，你的征戰就會缺乏後勁！如果沒有和諧人脈和金錢去支持征戰，你的征戰就會變得孤立無援，並缺乏後勤保障；如果你沒有一顆健康的心，你拿什麼去征戰呢？

迷途職返

要想職業成功，你需要發現並發揮自己的優勢；同時，我們也需要了解自己的限度 —— 盲目的自信也是一種盲目。

另外，職業成功不等於人生成功，平衡滿足生命的 6 大需要才可以獲得幸福！

7. 逆風中飛揚，平凡中成長，成功總要拐幾個彎才來

「我們向上帝祈求成功，他卻給我們挫折；我們走過了挫折就擁有了成功。」

什麼是真正的成功？

成功是達成你自認為有價值的目標，比如 NBA 運動員把總冠軍作為自己的最終目標。

成功的終極目標是獲得內心安寧：一個人的成功不僅僅是外在的名利和權勢，而是內心的的安寧和富足。無論你是誰，不管你有多少財富，不管你名聲有多顯赫、地位有多高、權力有多大。如果你的內心常感不安，那你就還沒有真正成功。

成功是追求「自我目標」的過程：每個人都希望獲得美好結果。如果沒有美好的過程就不會有美好的結果。職業成功也需要贏在職途、贏在職業路上，那麼成功就會水到渠成。

成功有三層次：

1. 自我完善

自己承認自己的價值，從而充滿自信和幸福感。

2. 助人完善

社會承認個人價值，並賦予個人相應的酬謝，如金錢、地位、名譽、權力等。

3. 留下精神遺產

活著的時候，我們不斷完善自我並助人完善，死後就會留下精神遺產。

以上都是我認知的成功。

最重要的是，對於你來說什麼是成功，什麼目標是你認為重要的、有價值的、感興趣的。

只有追尋自己內心的渴望目標並實現它，才是屬於你的成功！

我創業，我征戰，我自由！

首先，你想像一下，以你個人的感受，你覺得什麼樣的人是職業成功的？

當然每個人的出生環境不一樣，結果會有一些差異。例如有做官背景的家庭會認為官位越高職業越成功，有創業背景的家庭會認為創辦的企業越大越成功。

再思考一個問題 —— 為什麼一幅名畫的原作值幾百萬。而臨摹一模一樣的複製品，卻只值幾百元？

職業成功一定和「創」這個字有關。

創是創新、創是創業。例如，當官的如果沒有創新，他的官位一般都不會有很大的提升；如果創業者沒有創新，他創辦的企業很難做強做大。

所以，那些成功的創業者一定在創新，如果要持續創業成功，那麼一定會持續創新。成功的祕密是不管你是就業還是創業，創新才是職業成功的關鍵——決定你成功的高度和上限。

對於就業者（包括在企業或事業單位、政府部門的人）需要在自己的工作職位上去創新——不過對於企業單位的中下層，首先要有很強的執行力，真正的創新開始於你到達企業的管理或領導層。每個人都從事不盡相同的職位，所以具體如何在自己的職位上創新需要因人而異。

不管是就業還是創業，都可以獲得職業成功，但是如果一個人一生不嘗試創業（不一定是單打獨鬥，可以和他人合作創業），我覺得人生會有缺憾。因為就業，即使你做到總經理，還是會受到董事長、董事會等的約束。通常，再優秀的專業經理人，他也很難掌控公司的財務權和人事權。唯有自己開始創業，來一次心靈自由的征戰，才可以盡顯你的豪氣、智慧、才幹……回顧我二十餘年的職業生涯，我做過底層的礦工，做過基層的工廠員工、業務員、技術服務人員、採購員、門市銷售、通路銷售；我也做過中層的採購主管、門市經理，還做過高層的專業經理人。但是真正讓我覺得征戰成功的是我開始創業，1998 年有了創業的萌芽，1999 年嘗試創業——還沒開始就胎死腹中；直到 2001 年重新嘗試，2002 年創辦公司，一直到現在，我一直行在創業的路上。雖然在這趟征途中，我做了幾次職業轉換，也遇到過不少困難和凶險，雖然我也沒有取得多大的成就，但是我享受創業征戰的過程。因為我創業、我征戰，我自由——我可以跟從心靈深處的聲音去征戰。雖然創業有風險，但創業的體驗真是感覺不一樣。我喜歡創業、我熱愛創業、我享受創業。在未來的職業生涯，我會繼續像一位無畏的戰士一樣去創業、去征戰。

朋友們，你也可以在適當的時候進行創業，來一次心靈自由的征戰！

關於職業成功，每個人都有自己的理解，接下來我給你分享職業成功的三個層次：

表：職業成功的三個層次

職業成功的三個層次	
層次	具體行動
下君盡己之力	盡自己的能力去工作：下君通常是就業者中的基層員工或單獨創業的準備階段。因為他們只知道盡己之力，而個人的力量是有限的，所以他們很難取得好的成績或成就。
中君盡人之力	借助他人的力量來為自己工作：中君通常是找「下君」為自己工作的人。因為他們懂得借助他人的力量來為自己工作，所以他們可以取得較高的職業成就。
上君盡人之智	集思廣益、發揮眾人的智慧共同去創造美好的未來：上君通常是找「中君」為自己工作或和中君以及其他上君合作的人。這種人不僅善於借助他人的力量，還善於借助他人的智慧來成就自己的事業。所以，他們都可以獲得偉大的成就。

職業本身沒有貴賤之分——自己喜歡的職業就是最好的職業。

但是職業成功是有層次的——盡己之力是下層、盡人之力是中層、盡人之智是上層。

在人生職業追求的過程中，我們有可能要經歷職業成功的三層次——剛開始工作的時候，我們要盡己之力，慢慢就會懂得盡人之力，最後我們才會懂得盡人之智。

正因為成功來之不易，追求的過程才令人更加著迷。不管你此前經歷過什麼或正經歷什麼，在開啟職業生涯大門的一刻就要做好準備，全力以赴，哪怕一路逆風。

逆風中飛揚，平凡中成長

在網路上看到過這樣一則新聞，說的是一個身殘志堅的女孩子的感人故事。

她家境貧困，從小就夢想成為一名丹青高手，用自己的雙手繪最美的圖畫，可是命運之神殘酷地奪取了她的雙手。

在一段短暫的迷惘沉寂之後，她迅速振作起來，學著用雙腳繪畫，以她對繪畫執著的悟性，掌握了繪畫的技術。

但是要想成為一名藝術家，不經過正規教育的薰陶肯定不行，她深知箇中道理。

為了能進入高等學府深造，她每天抽出時間徒步到離家幾十公里的一個旅遊景點，用各種綵線編出小工藝品出售，她計劃用二到三年時間存夠學費。

她的經歷感動了社會各界人士，很多好心人要資助她，圓她求學之夢，但她一一婉言謝絕。

有一天，一個外地阿姨帶著幾萬元現金要資助她上學，她拒絕不掉，只好迅速逃離現場。

結果那個阿姨追了 500 多公尺，終於追上她，很生氣，覺得她不應該這樣倔強，善意的幫助有何不可接受？

但最終，女孩還是拒絕了。

她希望透過自己的努力，走進夢寐以求的學府。

又過去了幾年，女孩成功舉辦了個人畫展，作品的風格和魅力引起了業界的廣泛讚譽。

無疑，這名女孩正透過自己的努力走向成功，而且她腳下的道路也會越走越寬，因為再大的困難和挫折，都不會壓垮她、打倒她。

而她追逐夢想的意義也在不斷昇華，面對人生和未來，總有一天，她會露出「蒙娜麗莎」那天使般的微笑，真正擁有強大的內心。

在現實中，我遇到過不少諮商者，總是在自己遭遇各種困難的時候不願再起身向前，總是在自己不小心跌倒的時候，認為自己的人生已經到了絕境。

這些人經常會在追夢的某段路上，不知道自己應該往哪裡走，像是一片落葉都能阻礙自己邁出前進的腳步。我們經常會將自己遇到的一些小困難擴大化，擴大到像是能夠立刻要了我們的命。殊不知，一旦停下腳步也就意味著選擇向人生妥協，結局自然是失敗。

你無法預知未來會發生什麼，也不知道究竟會有怎樣的結局在等著自己，但是只要你不懼怕困難，不拋棄夢想，就有足夠的勇氣在漫漫的職業生涯中繼續戰鬥，逆風飛揚！

迷途職返

每個人都是天地蜉蝣的滄海一粟，像塵埃一樣微不足道；每個人都是白駒過隙匆匆過客，像流星一樣劃過天際。如果你隨波逐流，胸無目標，那便枉然一生。

真正的勇士，勇於正視現實，勇於直面人生。

讓夢想之火熊熊燃燒，讓職業生涯的意義不斷放大，只要你還在戰鬥，就沒有理由提前判自己出局。

後記

享受征戰的過程，把榮耀獻給上帝！

幾年前，我就開始在為創作這本書做準備，在我的雲端空間裡面，有 200 多篇原創的文章，另外，透過近 6 年的諮商實踐、在學習、領悟和創新。我終於完成了本書的創作。在這個征戰的過程中，我是充實的，我是心安的，我是享受。當然我也希望這本書可以大賣，從而可以幫助更多迷茫的朋友遠離迷茫。至於最後能否暢銷，一切都沒法預知，也許只有上帝才知道。對於我來說，我用心了，我征戰了、我付出了，我就問心無愧。不要斤斤計較征戰所得的榮耀，你可以把榮耀獻給上帝。

莎士比亞（William Shakespeare）曾說過：「人生就是一部作品。誰有生活理想和實現的計劃以及征戰的決心，誰就有好的情節和結尾，誰便能寫得十分精彩和引人注目。」

願各位讀者朋友都能遵循本書的指引，點亮職業生涯這盞明燈，全心全意地去征戰並獲得成功的喜悅！

事實上，每個人都希望成功，而且有些人希望大成功 —— 渴望成為像比爾蓋茲、賈伯斯等那樣的企業家。因為我們覺得他們是成功的、是光芒四射的。

也許，你對自己的人生、職業做了很好的規劃，也許你也非常努力去奮鬥、打拚，但是成功似乎總是與你擦肩而過；也許，成功就在前面的轉彎處，只需要你再進一步；也許，你奮鬥到老，你還

是沒有獲得你想要的成就。

如果你努力過，奮鬥過，成功還沒有降臨，請不要灰心，你還需要更進一步。只要你持續不斷地努力，即使你沒有想像的那樣成功——但是一定比你不努力的情況下更成功，而且你在奮鬥的路上是享受的、是全情的、是快樂的。當你臨近人生的尾聲時，你不會因沒那麼成功而沮喪，你一定會覺得踏實、心安、內心平靜，你絕不會因為過去嘗試、努力沒有成功而懊悔！

有些事情是上天注定的，例如有些胎兒還沒出生就流產了，有些孩子一出生就夭折了，有些孩子還沒成年就被病魔或人生的種種意外奪走了生命……大成功需要天時、地利、人和。例如比爾蓋茲早出生或晚出生 10 年，他還可以成為如今的比爾蓋茲嗎？當然，成功的人也不是隨隨便便、輕輕鬆鬆可以成功的，他們的努力和付出比我們想像的要大要多，他們在成功的路上也遇到過失敗和挫折，只是他們戰勝了失敗獲得了成功。

另外，成功是達成自己既定的目標，每個人可以去定自己的目標，這個目標不一定是成為企業家。只要你願意，你可以設定你自己渴望的任何目標，然後去追逐、去實現——去成為你自己真正想成為的人。這樣的你才是真實的、純粹的，成為這樣的你才是屬於你自己的成功。我們不要矇蔽自己的雙眼、忽視自己的心而去追逐社會大眾眼中所謂的成功，那不一定是你內心的渴望！

也許，你會想，既然上天已經注定，那我還有必要去努力嗎？

注定的只是一些事情的結果，但是如果你一直不努力去行動、去參與這個過程，那你還有必要來到這個世上走一程嗎？因為我們每個人注定都要死亡。

謀事在人，成事在天。不是要你消極處世，而是要活在當下，積極努力去謀劃自己的職業和人生，只要你不斷征戰——不斷努力、不斷專注、不斷成長，你就會有機會獲得上天的眷顧，這樣就會有機會獲得成功。

即使沒有你想像的成功，你也會獲得內心的充實，你會覺得問心無愧！

讓我們一起開始許自己一個了不起的未來；讓我們從現在開始全力以赴去進行職業生涯的征戰——享受征戰的過程，不要過於在意征戰的結果，把榮耀獻給上帝。只要你努力了、奮鬥了、征戰了，上帝也會被你感動。

征戰之路，點亮職業生涯的靈魂導航：

從迷茫到輝煌，掌握職場成功的五大策略

作　　者：段秋文
發 行 人：黃振庭
出 版 者：財經錢線文化事業有限公司
發 行 者：財經錢線文化事業有限公司
E-mail：sonbookservice@gmail.com
粉 絲 頁：https://www.facebook.com/sonbookss/
網　　址：https://sonbook.net/
地　　址：台北市中正區重慶南路一段六十一號八樓 815 室
Rm. 815, 8F., No.61, Sec. 1, Chongqing S. Rd., Zhongzheng Dist., Taipei City 100, Taiwan
電　　話：(02)2370-3310
傳　　真：(02)2388-1990
印　　刷：京峯數位服務有限公司
律師顧問：廣華律師事務所 張珮琦律師

定　　價：350 元
發行日期：2024 年 03 月第一版
◎本書以 POD 印製
Design Assets from Freepik.com

國家圖書館出版品預行編目資料

征戰之路，點亮職業生涯的靈魂導航：從迷茫到輝煌，掌握職場成功的五大策略 / 段秋文 著 . -- 第一版 . -- 臺北市：財經錢線文化事業有限公司 , 2024.03
面；　公分
POD 版
ISBN 978-957-680-788-6(平裝)
1.CST: 職場成功法
494.35　113001715

電子書購買

臉書

爽讀 APP